Rencontres au pays des maths

Rencontres au pays des maths

AGNÈS RIGNY

edp sciences

17, avenue du Hoggar – P.A. de Courtabœuf
BP 112, 91944 Les Ulis Cedex A

Composition et mise en pages : Flexedo

Imprimé en France
ISBN (papier) : 978-2-7598-3136-4
ISBN (ebook) : 978-2-7598-3137-1

SOMMAIRE

INTRODUCTION

On dit souvent que les mathématiques sont froides et abstraites. Mais c'est oublier un peu vite qu'il y a des êtres humains de chair et d'os derrière tout ça. En effet, les mathématiques « ne tombent pas du ciel » (encore que, Ramanujan disait recevoir ses formules en rêve, envoyées par la déesse Namagiri, mais c'est une autre histoire). Elles sont dans tous les cas, écrites et développées par des personnes qui se sont passionnées pour ces magnifiques objets mathématiques, pour ces problèmes difficiles et déroutants, parfois en oubliant le boire et le manger.

Mon intention avec ce livre est de montrer que les mathématiques sont incarnées, vivantes, créatives. Elles peuvent apporter de grandes joies, de petites satisfactions, mais aussi de grandes souffrances. Elles laissent rarement indifférent.

Dans ce livre, vous trouverez des histoires, des anecdotes, des portraits de gens connus ou pas, de gens qui aiment les mathématiques ou pas, des réflexions personnelles, mes poèmes et mes dessins[1].

Les personnes que j'ai interviewées font partie de mes relations. En ce sens, je me rends compte qu'elles ont un profil similaire. Beaucoup

1. Sauf mention explicite du contraire, les textes et les dessins sont de moi. Vous pouvez en trouver davantage, et en couleurs, sur mon site agnesrigny.fr.

ont été en classes préparatoires. J'espère avoir un jour l'opportunité de continuer et compléter ces portraits, en élargissant le cadre.

En attendant, je vous livre ma vision totalement subjective et non exhaustive du pays des mathématiques.

J'ai souvent utilisé Wikipédia pour vérifier des dates ou des faits, j'ai essayé de vérifier mes connaissances et de citer mes sources le plus possible.

Les différents chapitres de ce livre sont indépendants, même s'il y a une certaine logique dans leur succession, disons plutôt comme des associations d'idées. Mais vous pouvez lire ce livre dans n'importe quel ordre.

Je remercie particulièrement mon ami Emmanuel Amiot, pour sa relecture attentive et ses remarques pertinentes.

Je remercie également toutes les personnes qui ont bien voulu se prêter au jeu des interviews.

À PROPOS DE L'AUTEURE

J'ai été professeure de maths pendant plus de trente ans, en classe préparatoire essentiellement. Et ça, ça vous colle à la peau, même quand l'aventure est terminée. L'autre jour, j'étais dans une formation en Art-thérapie, et je me suis présentée, en parlant de cette partie de ma vie. Une des participantes s'est dit aussitôt « Ah, zut, une prof de maths. Et en plus je suis assise à côté d'elle… » – elle me l'a avoué quelques jours plus tard.

Pourtant les mathématiques ce n'était ni ma vocation ni mon envie. À dix-sept ans, je voulais être psychologue. Comprendre le pourquoi des comportements humains, surprendre l'inconscient dans les actes apparemment anodins, voilà ce qui me plaisait. C'était avoir accès à un monde invisible, caché derrière le monde visible.

Le « hasard » – sous les traits de mes parents et avec mon consentement passif – en a décidé autrement.

Parce que voilà, à l'école, j'étais « bonne en maths ». J'ai envie de dire que je n'y étais pour rien. En fait j'étais une bonne élève dans toutes les matières – sauf en sport – sans faire beaucoup d'efforts. L'école ne m'intéressait pas beaucoup, je m'y suis pas mal ennuyée d'ailleurs, mais j'achetais ma liberté avec mes bonnes notes. Du moment que ça marchait bien à l'école, mes parents me laissaient gérer mon temps et ne me contrôlaient pas.

Je n'ai pas eu de « passions mathématiques ». Je faisais ce qu'il y avait à faire, sans plus.

J'ai quand même quelques souvenirs qui m'ont marquée avec les mathématiques. Je ne sais plus en quelle classe ça s'est passé exactement, mais c'était à l'école primaire. On avait appris à compter dans différentes bases. Je trouvais ça très amusant. On dessinait des points sur la feuille, on faisait des paquets de deux points, puis des paquets de paquets, etc. Ou de trois points, ou de quatre, etc. On notait le résultat. Je ne me souviens pas l'avoir analysé comme ça, mais j'ai déjà dû me dire qu'il y avait plusieurs points de vue sur une même réalité, car c'est une idée qui est restée fondamentale dans ma façon d'appréhender la vie.

Voici un exemple :

Voici un autre souvenir qui peut s'apparenter à une sorte d'illumination, en tout cas c'était très satisfaisant comme sensation. En classe de terminale C, on voyait la « définition de la limite d'une suite ». La voici écrite « en maths », puis comment cela se « dit » :

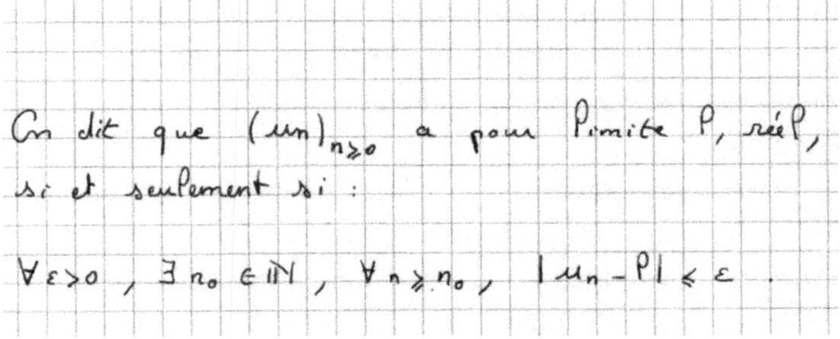

« On dit que la suite u-n a pour limite l, réel, si et seulement si pour tout epsilon strictement positif, il existe n zéro appartenant à N tel que pour tout n supérieur ou égal à n zéro, valeur absolue de u-n moins l est inférieur ou égal à epsilon. »

Au passage, on peut remarquer la concision de l'écriture mathématique.

Rassurez-vous, moi non plus je ne comprenais rien à l'époque. J'avais appris cette définition par cœur et je pouvais la réciter, mais cela n'avait aucun sens pour moi. Je l'ai dite et redite un peu comme un mantra, tout au long de ma classe de terminale. Puis, en arrivant en maths sup, on a retravaillé cette définition, et à un moment, comme un flash, j'ai compris ! C'était vraiment extrêmement satisfaisant. J'ai éprouvé une grande joie.

Je suis persuadée que tout ce temps où j'ai « vécu » avec cette définition sans la comprendre a en fait été un temps de maturation, qui a été nécessaire pour que je comprenne. Autrement dit, on ne comprend pas toujours sur le champ, même si les explications sont bonnes.

J'ai donc réalisé les projets de mes parents, intégré l'École Normale Supérieure de Saint-Cloud, spécialité mathématique – ce qui m'a permis d'être payée pour faire mes études et donc de devenir indépendante à 19 ans, et ça, c'était vraiment important pour moi.

Puis, je suis devenue professeure de mathématiques en classe préparatoire. Je dirais que j'aimais bien l'enseignement, je crois que je sais bien expliquer les mathématiques. Même si je n'ai rien demandé, j'ai ce talent. Je me suis aussi prise au jeu, et j'ai beaucoup aimé les mathématiques en les enseignant. Je trouve ça assez satisfaisant de se creuser la tête pour comprendre un problème, puis pour trouver une solution.

Je dirais qu'au début de mon enseignement, j'étais plutôt tournée « vers le tableau », mon objectif était d'« exposer correctement les démonstrations ». Puis au fil du temps, je me suis retournée vers les élèves, je me suis intéressée à « comment ils recevaient et intégraient mon information », et pourquoi ça ne marchait pas forcément comme j'imaginais.

J'ai en particulier réalisé que, même les élèves de classe préparatoire, pouvaient avoir des blocages en mathématiques, blocages méthodologiques, croyances, etc. Je me suis intéressée à l'approche « psychologique des mathématiques », en particulier avec la lecture du livre d'Anne Siety, *Qui a peur des mathématiques ?* publié chez Denoël.

De fil en aiguille, j'ai décidé d'intervenir à cet endroit, d'aider à lever les blocages et les souffrances dues aux mathématiques, de faire en sorte que chacun se sente compétent, équipé pour voyager au pays des mathématiques. Cela étant, on en a envie ou pas, mais c'est une autre histoire.

C'est alors que j'ai quitté l'enseignement, parce que cette approche, je ne pouvais pas la mener dans le cadre d'une classe préparatoire, avec un programme énorme et des concours à la clé.

J'ai toujours aimé les histoires, enfant j'aimais beaucoup les contes de fées. Je suis persuadée que l'on retient mieux les choses quand elles sont racontées par des histoires. Je me raconte aussi des histoires, quasiment en permanence. Maintenant, j'arrive à en coucher quelques-unes sur le papier. Ce n'est pas toujours facile. C'est ce que j'ai essayé de faire dans ce livre, j'espère que cela vous plaira.

Ma bibliographie :

Parlez-vous maths ?, avec Pierre López, EDP Sciences.

Faire des maths avec plaisir et sans stress en utilisant les cartes mentales, Eyrolles.

Apprendre efficacement les maths grâce aux cartes mentales, Dunod.

D'OÙ VIENNENT LES NOMBRES ?

MATHS ET CRÉATIVITÉ

Maths et créativité, ce sont deux mots que l'on n'associe pas spontanément. Pourtant, si on regarde le chemin parcouru depuis le temps où nos ancêtres comptaient leurs moutons avec des cailloux (d'où l'origine du mot calcul au passage : *calculus* = caillou en latin. La légende prétend que les bergers comptaient leurs moutons à l'entrée et à la sortie d'un enclos, en utilisant un pot rempli de cailloux. Un caillou dans le pot pour chaque mouton qui entre, et ensuite un caillou sorti du pot pour chaque mouton qui sort. Ils avaient déjà découvert le principe de la bijection… Mais c'est une autre histoire), le moins qu'on puisse dire, c'est qu'on en a créé des objets mathématiques ! Certains disent qu'on les a simplement découverts.

En effet, invente-t-on les mathématiques, sont-elles une création humaine, viennent-elles des circonvolutions complexes de notre cerveau, ou bien les mathématiques existent-elles indépendamment de nous, les humains, dans la nature ?

A-t-on inventé les nombres entiers ? OK, Kronecker dit que :

« *Dieu a inventé les nombres entiers, et l'Homme le reste*[2]. »

2. Voir le chapitre « L'infini et au-delà ! ».

En tout cas, on a inventé une bonne façon de les nommer, de les représenter. Est-ce que chaque nombre entier existe dans « la nature » ? Puisque le nombre d'atomes de l'Univers connu est estimé entre 10^{80} et 10^{85}, est-ce que le nombre 2×10^{90} existe ? Est-ce que l'infini existe, alors que rien de ce qui est humain n'est infini ?

On pourrait dire qu'on l'invente alors. Mais on ne peut pas faire n'importe quoi ensuite. Les mathématiciens n'ont pas la liberté de l'artiste qui peut faire ce qu'il veut. En mathématiques on a des règles, qu'on découvre, parfois laborieusement.

De Galilée qui disait que « *la nature est écrite en langage mathématique* » (1623) à « *l'efficacité déraisonnable des mathématiques* » d'Eugène Wigner, prix Nobel de physique (en 1960), on peut se poser la question de savoir si les mathématiques nous permettent de comprendre le monde ou si, étant produites par notre cerveau d'humain, elles ne nous permettent que d'avoir accès à un certain monde, et nous rendraient aveugles à d'autres mondes ? Il existe peut-être d'autres réalités, auxquelles nous n'avons pas accès par les mathématiques...

Pour trancher provisoirement le débat, je dirais qu'au départ il y a un acte créateur, puis qu'on découvre les conséquences de cet acte. Et qu'ensuite on en trouve des traces partout dans la nature.

Voici quelques exemples.

LES MATHS : RÉSOLUTION DE PROBLÈMES, AVEC DES OUTILS EXISTANTS... OU INVENTÉS

Les mathématiques, qu'est-ce que c'est ? Il y a pas mal de réponses possibles. Voici mes préférées :

- C'est une méthode de résolution de problèmes.
- C'est un questionnement permanent.
- C'est un jeu.
- C'est une recherche de la vérité.
- C'est un monde, et même plusieurs.
- C'est un langage ; c'est le langage dans lequel est écrit le monde qui nous entoure.

• C'est une manière de raisonner.

Et vous, quelle est votre réponse ?

Si on regarde les mathématiques en tant que méthode de résolution de problèmes, voici le procédé :

• **On identifie le problème** : par exemple, combien faut-il ajouter à 5 pour obtenir 8 ?

• **On cherche dans sa boîte à outils** : ici on va chercher dans les tables d'addition, ou on compte sur ses doigts, ou sur un boulier, ou avec des cailloux...

• **On trouve, ou on construit la réponse** : 3.

Que se passe-t-il si on ne trouve rien dans sa boîte à outils ? C'est là le génie – ou le caractère « gonflé » – des mathématiciens : on invente des outils, ou des objets.

Au passage, on invente aussi un langage commode pour exprimer les problèmes. Ce langage nous permet alors de se poser de nouvelles questions.

Le problème exposé ici se note :

Résoudre l'équation $5+x=8$.

Dès lors, on peut considérer le problème : Résoudre l'équation $7+x=3$. (C'est déjà un acte créatif. Transformer les données.)

Seulement, là, à l'époque lointaine (avant le IIe siècle avant J.-C.) où les nombres négatifs n'avaient pas été inventés, ou plutôt n'avaient pas leur statut d'objet mathématique (car les comptables chinois s'en servaient depuis de nombreux siècles), ce problème n'avait pas de solution.

LES NOMBRES NÉGATIFS

On peut considérer qu'on a inventé les nombres négatifs pour pouvoir résoudre l'équation $a+x=b$, pour toutes les valeurs entières prises par a et b. On savait le faire quand a était un nombre « entier naturel » plus petit que b, mais sinon non. Les mathématiciens ont donc inventé des nouveaux nombres, les nombres qu'on a appelés bien plus tard « négatifs », afin d'avoir des solutions à cette équation.

Il est amusant de constater que le mot « positif » en français a été utilisé avant le mot « positif » en maths (1751, encyclopédie) ; positif veut dire : certain, réel, posé et cela s'oppose au départ à naturel, par exemple dans « la loi positive » (créée par l'homme), par opposition à la loi « naturelle » (de la nature), alors qu'en mathématiques un entier « naturel » est « positif » !

Les nombres « négatifs » se définissent « en miroir » des nombres naturels (les nombres naturels que l'on qualifie désormais de positifs). L'existence ou la réalité des nombres négatifs, même si elle va plutôt de soi maintenant, a mis longtemps à s'établir. Autant elle est assez compréhensible dans le monde marchand, avec les systèmes de recettes et de dépenses, autant dans le monde mathématique elle est restée longtemps problématique. Diophante (mathématicien grec, IIIe siècle) utilisait les nombres négatifs, mais les qualifiait d'« absurdes ».

En Occident, il en sera de même jusqu'au XVIIe siècle environ. Les solutions négatives d'équations ne sont pas considérées comme des solutions. On les traite de « feintes », d'« absurdes » ou « fausses », ou on les réinterprète comme des solutions positives.

Parler d'un nombre « plus petit que zéro », ou « moins que rien », c'est assez difficile à concevoir, car 0 est considéré, encore de nos jours, comme le « plus petit des nombres ». Il faudrait sans doute distinguer ici « grandeur » et « nombre ».

Bref, ce sujet passionnant a donné l'occasion de nombreux débats, que nous ne reprendrons pas ici.

Retenons que les nombres négatifs ont été « inventés », et que, somme toute, ils sont bien pratiques.

Au passage, il est établi par les neuropsychologues (en particulier Stanislas Dehaene[3]) que les nombres préexistent dans le cerveau humain, mais ils parlent des nombres positifs. Cela n'a pas l'air d'être le cas pour les nombres négatifs.

3. Pour en savoir plus : https://www.college-de-france.fr/site/stanislas-dehaene/course-2008-02-12-09h30.htm

Le problème rencontré par les élèves du XXIe siècle, une fois accepté l'idée de l'existence des nombres négatifs, est la difficulté de notation. En effet, le symbole « – » désigne trois choses différentes :

- « – 3 », un nombre négatif ;
- « $x-y$ », une opération entre deux nombres ;
- « $-x$ », l'opposé de x. À ce dernier titre, « $-x$ » peut désigner une quantité positive.

Même de brillants étudiants de classes préparatoires associent le symbole « – » à « négatif » !

Quel est le signe de 0 ? Il est également amusant de remarquer que pour les Français, le nombre « 0 » est le seul à être à la fois positif et négatif, alors que pour les Anglo-Saxons, il est « non positif » et « non négatif ». (C'est dû à la différence entre inégalités strictes ou larges.)

Dans ce nouvel ensemble, contenant les entiers positifs, 0 et les entiers négatifs, non seulement les équations $a+x=b$ où a et b sont des entiers positifs ont toutes des solutions, mais également les équations $a+x=b$ où a et b peuvent être des entiers négatifs ! Il a fallu un peu « mouiller la chemise » pour étendre les opérations $(+,-,\times,\div)$ à ce nouvel ensemble, mais le gain final est vraiment significatif. Ce nouvel ensemble s'appelle l'ensemble des entiers relatifs.

LES FRACTIONS

Voilà aussi une notion bien délicate. Que se représentent les élèves ou même certains adultes quand on leur parle de $\frac{3}{7}$? Souvent pas grand-chose.

Pourquoi les fractions ont-elles été inventées ? Pour résoudre les équations du type $7x=3$. On peut remarquer que l'équation « $2x=6$ » admet une solution entière (3), mais pas $7x=3$. On peut partager certaines quantités, mais pas toutes.

Une fraction, comme son nom l'indique, sert à « fractionner ». Or certaines choses sont difficiles à imaginer « fractionnées ».

UNE HISTOIRE DE PARTAGE

Un vieux chef de tribu, à une époque lointaine et dans une contrée lointaine, sentant la mort venir, a donné des instructions à ses fils pour partager son troupeau de chameaux après son décès. L'aîné aurait la moitié du troupeau, le second le tiers et le petit dernier le neuvième.

À sa mort, ses trois fils se trouvèrent bien ennuyés, car son troupeau était constitué de 17 chameaux. Et 17 n'est divisible ni par 2, ni par 3, ni par 9, et il ne s'agissait pas de couper les chameaux en morceaux !

Ils allèrent donc voir le vieux sage, qui savait que 17 est un nombre premier (il n'a d'autres diviseurs que lui-même ou 1) et donc pas de chance de s'en sortir en modifiant les conditions du partage (sauf à léser deux frères sur trois, ce qui ne présageait rien de bon).

Il leur dit : « Bon, pour la paix de l'âme de votre cher père, qui était aussi un ami, et pour respecter ses volontés, je vous donne un de mes chameaux. Cela vous en fera 18, vous arriverez à vous arranger. »

En effet, l'aîné reçut 9 chameaux, le deuxième 6 et le dernier 2.

Il restait un chameau, que les frères rendirent donc à son propriétaire initial.

Tout est bien qui finit bien !

Les fractions ont donc été inventées pour que l'on puisse imaginer toutes les divisions possibles de deux nombres entiers, autrement dit pour que les équations du type $ax=b$ aient toujours une solution (sauf *si* $a=0$). Au départ on s'est proposé de la noter $\frac{b}{a}$. Mais cela a été un peu plus compliqué que dans le cas des nombres négatifs, puisqu'on s'est rendu compte qu'une même « grandeur » pouvait avoir plusieurs écritures. Par exemple $\frac{1}{2}=\frac{2}{4}=\frac{4}{8}$.

Bref, après du travail, les mathématiciens ont construit un nouvel ensemble de nombres, les nombres rationnels, qui contient tous les entiers (positifs et négatifs) et toutes les solutions des équations $ax=b$, où a et b sont deux nombres entiers (relatifs), avec a non nul. Et cerise sur le gâteau, dans cet ensemble, toutes les équations $ax = b$ où cette fois a et b sont des nombres rationnels quelconques (avec a non nul), ont également des solutions ! Et on a conservé la possibilité de résoudre aussi les équations du type $a + x = b$, avec a et b nombres rationnels.

Ce qui fait que **dans l'ensemble des nombres rationnels, on peut résoudre toutes les équations dites du « premier degré », du type « $ax + b = 0$ », avec a et b rationnels et a non nul.**

DES NOMBRES PLUS COMPLEXES

On a vu dans le chapitre précédent, comment et pourquoi les mathématiciens ont inventé les nombres négatifs et les nombres rationnels (les fractions).

LES NOMBRES RÉELS

On ne s'est pas arrêté en si bon chemin. Dans l'ensemble des nombres rationnels, toutes les équations du premier degré (du type $ax+b=0$) ont bien une solution. Mais qu'en est-il des équations du second degré ? Par exemple $x^2=2$? On démontre en classe de seconde (par l'absurde) qu'il est impossible de trouver une solution à cette équation dans l'ensemble des nombres rationnels. (À tout seigneur tout honneur, c'est Euclide[4] qui a proposé une première démonstration de ce résultat.) Pour cela et pour d'autres raisons, on a créé les nombres réels.

Jusque-là, même si la définition mathématique des nombres réels est délicate, tout se passe à peu près bien. On reste dans la réalité.

4. Euclide, le premier mathématicien occidental à avoir éprouvé la nécessité de démontrer les résultats mathématiques. Il a écrit un traité qui est un texte fondateur de cette discipline. Il aurait vécu autour de 300 avant J.-C. La division apprise à l'école primaire (avec quotient et reste) est la division euclidienne.

Même si les nombres qu'on a dû « rajouter » s'appellent des nombres irrationnels... Un comble pour les mathématiques ! Et dire qu'on reproche souvent aux mathématiciens d'être « trop rationnels » et de manquer de fantaisie... C'est bien mal les connaître !

LES NOMBRES COMPLEXES

Dans l'ensemble des nombres réels, toutes les équations du type $x^2 = a$, avec a un nombre réel positif, ont des solutions (deux exactement si a est non nul). Mais *quid* de l'équation $x^2 = -1$? Alors là quand même, c'est exagéré ! On nous bassine depuis le collège qu'un « carré est toujours positif » ! C'est quoi cette trahison ? (J'ai rencontré plusieurs adultes qui avaient un souvenir cuisant de leur rencontre avec les nombres complexes. Ils se sentaient littéralement trahis[5].)

Les mathématiciens qui ont osé imaginer une telle monstruosité (un « nombre » dont le carré vaut – 1) étaient dans leurs petits souliers. Ce sont Cardan et Bombelli qui ont commencé à l'utiliser au XVIe siècle. En effet c'était bien pratique pour résoudre les équations du troisième degré.

Considérons l'équation $x^3 - 15x - 4 = 0$. Elle admet 4 comme solution. Cardan avait mis au point une méthode[6] pour résoudre ce type d'équation ($x^3 + px + q = 0$), qui nécessitait de calculer, entre autres, des racines carrées. Ça se passait bien quand les nombres étaient positifs. Mais sinon...

Dans le cas de notre équation, la méthode est la suivante :

On pose $x = u + v$. L'équation devient après calcul : $u^3 + v^3 + (3uv - 15)(u + v) - 4 = 0$.

On impose pour simplifier $uv = 5$, ce qui donne : $u^3 + v^3 - 4 = 0$.

On a donc $u^3 v^3 = 125$ et $u^3 + v^3 = 4$.

u^3 et v^3 sont donc solution de l'équation du second degré : $z^2 - 4z + 125 = 0$.

5. Voir le chapitre « Trahisons mathématiques ».
6. https://fr.wikipedia.org/wiki/M%C3%A9thode_de_Cardan

Pour trouver les solutions, on calcule le discriminant : $\Delta = 4^2 - 4 \times 125 = -484$.

Le problème, c'est que l'équation n'a pas de solutions réelles dans ce cas-là, car il faudrait pouvoir considérer la « racine carrée » d'un nombre négatif.

Tant pis, faisons-le quand même. En appliquant les règles de calculs des racines, on trouve que $\sqrt{-484} = 22\sqrt{-1}$. Les « solutions » de l'équation sont donc $2+11\sqrt{-1}$ et $2-11\sqrt{-1}$.

(Pour l'instant, on « applique » des formules alors qu'on n'a théoriquement pas le droit de le faire – heureusement que les mathématiciens ne se sont pas laissés impressionner par leurs professeurs !)

Là, Bombelli a remarqué que $\left(2-\sqrt{-1}\right)^3 = 2-11\sqrt{-1}$ et $\left(2+\sqrt{-1}\right)^3 = 2+11\sqrt{-1}$ (il suffit de développer « normalement », en tenant compte du fait que $\left(\sqrt{-1}\right)^2 = -1$.)

Du coup, on a $u = 2-\sqrt{-1}$ et $v = 2+\sqrt{-1}$, on en déduit alors $x = u+v = 4$! (On peut intervertir les rôles de u et v.)

Et 4 c'est bien une « vraie » solution.

Donc, en sortant du cadre, Cardan et Bombelli ont réussi à trouver une solution réelle et positive. Au départ, ce « $\sqrt{-1}$ » les dérangeait tellement qu'ils l'ont appelé « imaginaire ».

Mais les nombres complexes étaient nés. C'est Gauss qui les a baptisés « nombres complexes » en 1831.

Sans le savoir, Gauss a mis dans l'embarras les professeurs de mathématiques : en effet, « complexe » n'est pas très engageant. Quand on dit aux élèves de terminale qu'on va étudier les nombres complexes, ils s'attendent à quelque chose de difficile. Et de fait ils trouvent cela difficile. S'il les avait appelés autrement (nombres extraordinaires, nombres charmants, etc.), la face de l'enseignement aurait été changée[7].

De même qu'il a été d'un grand secours d'associer les nombres réels à une droite, cela a permis de les représenter, les visualiser, il a

7. Voir le livre *Parlez-vous maths ?* que j'ai écrit avec Pierre López sur le vocabulaire mathématique.

été extrêmement fertile d'associer un nombre complexe à un point du plan.

En effet, un nombre complexe se définit par deux nombres réels, et un point du plan également. À partir de cette simple constatation, on a pu faire de la géométrie avec des nombres complexes, et ça c'est quand même assez fort.

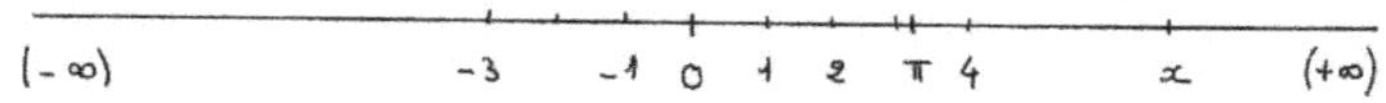

La droite des nombres réels

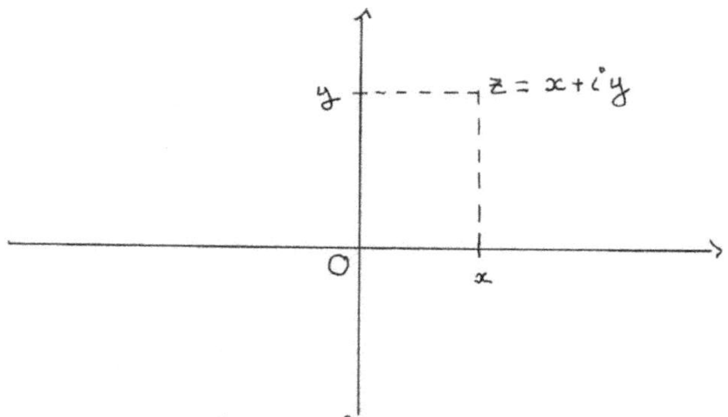

Le plan complexe

Il est une dernière chose remarquable, c'est que finalement, on a inventé les nombres complexes pour pouvoir résoudre les équations du second degré, et par la suite, on a pu démontrer que dans cet ensemble, toutes les équations polynomiales de n'importe quel degré ont des solutions, et toutes leurs solutions sont dans l'ensemble des nombres complexes. Pas la peine d'inventer un nouvel ensemble pour pouvoir résoudre ces équations. Et ça, ce n'était pas prévu, et c'est vraiment extraordinaire ! On a donc « inventé » $\sqrt{-1}$ et « découvert » les propriétés des nombres complexes.

Ces deux ensembles (les réels et les complexes) se sont révélés beaucoup plus riches que ce qu'on pouvait imaginer au départ.

On a donc passé en revue les différents ensembles de nombres :
$\mathbb{N}$, l'ensemble des nombres entiers naturels ;
$\mathbb{Z}$, l'ensemble des nombres entiers relatifs, positifs et négatifs ;
$\mathbb{Q}$, l'ensemble des nombres rationnels (entiers relatifs et fractions) ;
$\mathbb{R}$, l'ensemble des nombres réels (rationnels et irrationnels) ;
$\mathbb{C}$, l'ensemble des nombres complexes (réels et imaginaires).

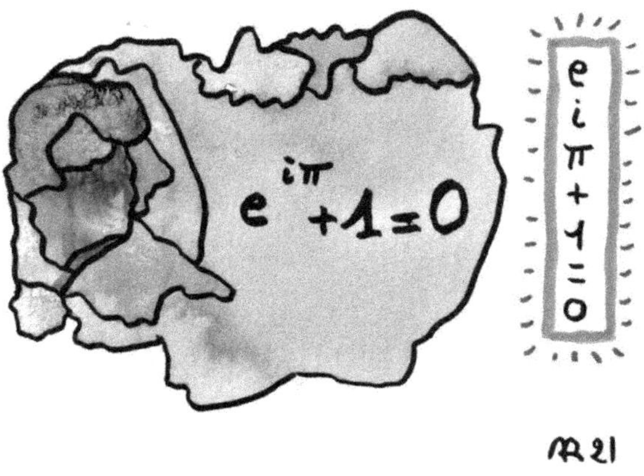
$e^{i\pi}+1=0$
$e^{i\pi}+1=0$

ATELIER DE CRÉATIVITÉ MATHÉMATIQUE : ÉCRIRE DES POÉSIES MATHÉMATIQUES

Les mots des mathématiques sont pour la plupart des mots utilisés dans le langage du français usuel.

Leur utilisation peut prêter à confusion parfois[8], mais pour ma part quand j'étais jeune étudiante, cela m'a fait rêver. Une partie qui peut être à la fois ouverte ou fermée, une boule dont tous les points sont au centre…

Déroulé de l'atelier :

• Préparer au préalable des petits cartons sur lesquels est écrit un mot, tiré du corpus ci-dessous (on peut adapter en fonction de l'âge).

• Faire tirer aux participants trois mots chacun.

• En utilisant les trois mots, ils doivent composer un poème court (3 vers).

Absolu Analyse Application Adhérence Intérieur Frontière Ouvert Fermé Arrangement Base Boule Combinaison Supplémentaire Complémentaire Inverse Opposé Complexe Décomposition Composition Spectre Propre Ensemble Discret Direction Sens Égalité

8. Voir le livre *Parlez-vous maths ?* chez EDP Sciences, coécrit avec Pierre López sur ce sujet.

Croissant Décroissant Monotone Borné Dimension Espace Espérance Événement Facteur Figure Fonction Formule Groupe Anneau Corps Rationnel Irrationnel Fraction Hasard Hypothèse Identité Inconnue Indépendance Famille Inférieur Infini Fini Irréductible Limite Liberté Générateur Naturel Négatif Neutre Normal Opération Ordre Orientation Paire Couple Paramètre Partie Partition Système Pente Période Point Pôle Positif Primitive Produit Projection Proportionnel Proposition Liées Puissance Racine Raison Rang Réciproque Réel Relatif Semblable Série Signe Simple Sommet Sphère Plan Droite Courbe Suite Réunion Valeur Variable Vide Admettre Réduire Postuler Intégrer Impliquer Dépendre Converger Définir Développer Dériver Inverser Diviser Résoudre Construire Déduire Tendre

Un exemple :
La suite de mes jours
Se déroule en une courbe infinie…
Ou presque
(On reconnaîtra les mots : suite, courbe et infini.)

Chacun est libre de proposer des variantes évidemment. Je fais également, si j'ai le temps, noter le poème sur une carte et illustrer la carte à l'aide de symboles mathématiques.

Les poèmes qu'on trouvera dans ce livre sont de moi, et pour la plupart d'entre eux sont écrits sur ce principe, sauf celui précédant « Le rêve de Ramanujan » qui est la transcription poétique d'un rêve que j'ai fait.

HYPATIE D'ALEXANDRIE

C'est à ma connaissance la plus ancienne mathématicienne connue. On sait d'ailleurs très peu de chose d'elle, et encore moins de ses travaux. Elle a eu une mort tragique, c'est ce qui paradoxalement l'a empêchée de sombrer dans l'oubli, ce qui ne serait certainement pas du goût de ses meurtriers.

C'est une philosophe, astronome et mathématicienne d'Alexandrie. Elle est née entre 355 et 370, et morte en 415. Elle est la fille du mathématicien Théon d'Alexandrie, dont elle a été la plus proche collaboratrice et finira par le surpasser.

Aucun de ses écrits ne nous est parvenu, on ne peut que faire des conjectures. Il semble néanmoins acquis que l'*Almageste* de Ptolémée, ainsi que ses tables manuelles astronomiques nous sont parvenus grâce à elle. Elle les aurait traduites et complétées par une méthode de division posée pour les calculs astronomiques.

C'était surtout une enseignante et une grande intellectuelle, très influente. Elle avait sa propre école de philosophie, sur le modèle pythagoricien. En tant que femme dans la société antique, elle n'a certainement pas pu diriger une chaire officielle de philosophie et donc « prendre la suite de l'école platonicienne de Plotin », comme on le lit souvent.

Elle n'est pas non plus « le dernier rempart de la culture païenne contre le christianisme ». Son école était ouverte à tous, chrétiens et païens. Elle serait plus proche de la laïcité telle qu'on l'entend aujourd'hui. Elle ne philosophait pas non plus dans la rue, mais dans son école, dans laquelle les élèves étaient soumis au secret. Ils ne devaient pas révéler les mystères dévoilés dans cette école (comme dans l'école de Pythagore). Il ne s'agit pas de cultes ésotériques ou quoi que ce soit, mais d'idées philosophiques et mathématiques.

Elle exerçait une grande influence dans les sphères dirigeantes d'Alexandrie et au-delà. En particulier auprès d'Oreste, préfet impérial et gouverneur d'Égypte en 412 et 415.

En 412, le patriarche Cyrille devient le successeur de Théophile qui était apprécié par Hypatie. Cyrille, qui n'avait pas la carrure intellectuelle et humaine de son oncle Théophile, a remplacé sa médiocrité par de la tyrannie (fréquent), et en particulier a engagé la lutte contre « les hérésies ». Il s'en prend aux juifs, et crée un grand désordre dans la ville. Le préfet Oreste s'en offusque, et Hypatie et lui se sont dressés contre Cyrille. Ce dernier a accusé Hypatie de sorcellerie. La population des chrétiens s'est dressée contre elle (le fait que son enseignement soit élitiste ne l'a pas aidée), et en 415 Hypatie fut assassinée en pleine rue, de manière absolument horrible, par les parabalanes, un groupe de jeunes hommes violents à la solde de Cyrille.

Pendant le siècle des lumières, elle devient une icône de la lutte contre le catholicisme, et à l'heure actuelle une figure emblématique du féminisme. Un film lui est consacré en 2009, *Agora*.

Pour en savoir plus :

https://unphilosophe.com/2022/04/04/sa-mort-sa-vie-son-oeuvre-hypatie-dalexandrie-maria-dzielska/

https://fr.wikipedia.org/wiki/Hypatie

${}^tS = S \rightarrow S = {}^tP \Delta P$
$\dim \ker u + \mathrm{rang}(u) = \dim E$
$\prod_{i=1}^{k}(f - \lambda_i \, id_E) = 0 \rightarrow E = \bigoplus^{k} \ker(f - \lambda_i \, id_E)$
Le polynôme caractéristique est annulateur
AO23

LE THÉORÈME DES QUATRE COULEURS

Ce théorème m'inspire beaucoup dans mon travail artistique. Quand je peins, j'y pense souvent.

Je peins des cartes de mondes imaginaires, ou des animaux fantastiques multicolores, ou simplement des formes géométriques cloisonnées. Je m'attache à ce que deux cases ne soient pas de la même couleur ou remplies de la même façon.

Que dit ce théorème ?

Il dit qu'il est possible de colorier n'importe quelle carte de régions (ou pays) connexes (en un seul morceau) en n'utilisant que 4 couleurs, de sorte que deux pays ayant une frontière commune soient de couleurs différentes. (Si la frontière n'est qu'un seul point, on peut les colorier de la même couleur.)

Dans le dessin ci-après, j'ai respecté le principe des quatre couleurs, mais comme c'est en noir et blanc, j'ai utilisé du noir, du blanc et deux motifs différents.

Ce résultat a été conjecturé en 1852 par Francis Guthrie, mathématicien et botaniste sud-africain (1831-1899), alors qu'il colorait la carte des comtés de l'Angleterre. L'histoire ne dit pas (ou je n'ai pas trouvé) s'il faisait cela comme loisir, ou pour se déstresser, ou bien dans le cadre de son travail de mathématicien, dont j'ignore le domaine. Il était peut-être simplement professeur. En tout cas, il est plus connu pour son travail de botaniste, et a donné son nom à 14 espèces de plantes.

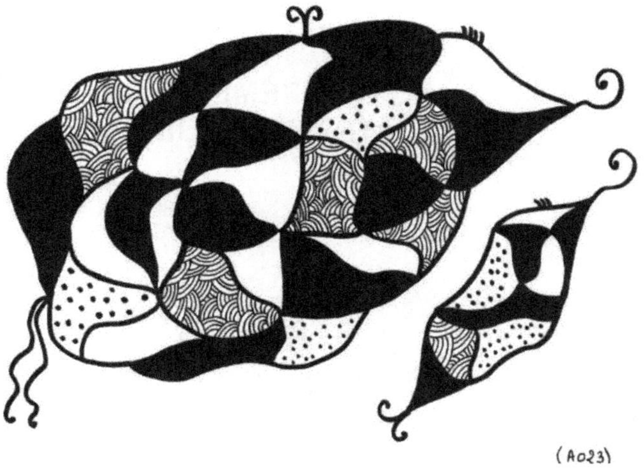

Ce résultat n'a été démontré qu'un siècle plus tard, et spécificité qui en fait encore une démonstration controversée, à l'aide d'un ordinateur. Ce sont deux mathématiciens américains, Kenneth Appel et Wolfgang Haken, en 1976, qui après avoir réduit le problème à l'étude de 1 478 cas, ont programmé leur résolution à l'aide d'un ordinateur.

La question de la validation se déplace dans la question de la validation de l'algorithme. Depuis, il y a eu d'autres preuves algorithmiques et validées.

Néanmoins, une certaine frustration subsiste. Paul Erdös[9] aurait dit que « *ce problème est un problème subtil et non pas complexe* » et qu'il existe certainement une démonstration simple, voire très simple. À ce jour, personne ne l'a encore trouvée. Il y a de nombreux mathématiciens amateurs qui prétendent avoir trouvé une démonstration (un peu comme la démonstration du théorème de Fermat qu'aurait

9. Voir le chapitre « Quelle est la valeur de π ? ».

pu avoir trouvée Fermat)[10]. Dans les deux cas, il semble que les mathématiciens « professionnels » ne s'y intéressent plus.

J'ai découvert pour cet article qu'un mathématicien américain du nom de Underwood Dudley, né en 1937, s'est intéressé à ces « pseudo-mathématiciens obsédés » (qui cherchent à démontrer la quadrature du cercle, ou le théorème de Fermat ou encore à réfuter l'argument de la diagonale de Cantor[11]). Il a recueilli et analysé ces différentes tentatives, oscillant entre appréciation et exaspération.

Je trouve que son approche est touchante. On met rarement en valeur les mathématiciens amateurs. Et n'est-ce pas les tentatives de recherche qui comptent ?

10. Voir le chapitre « L'Everest des mathématiques ».
11. Voir le chapitre « L'infini et au-delà ! ».

Le cœur ouvert
J'intègre avec bonheur
Les espaces supérieurs

CAROLINE ET L'APPROCHE TÊTE-CŒUR-CORPS

Caroline est professeure de maths en collège depuis une vingtaine d'années. Et c'est une prof extraordinaire.

Déjà, elle pratique la « classe inversée ». Ce n'est pas si courant. Qu'est-ce que c'est ? Il y en a plusieurs types, mais celle qu'elle propose à ses élèves consiste en gros en la chose suivante : les élèves recopient le cours chez eux, et en classe ils posent des questions au professeur et résolvent des exercices. Il y a aussi beaucoup de collaboration entre élèves.

Comment met-elle cela concrètement en application avec ses élèves ?

Elle explique le cours en classe, à partir d'activités. Les élèves ne recopient pas le cours ! Ils visionnent ensuite des capsules vidéo chez eux, autant de fois que nécessaire, et recopient à ce moment-là le cours. Les élèves travaillent énormément en groupe, ils se font classe mutuellement.

Caroline met également en place dans sa classe l'approche « tête-cœur-corps » de la psychopédagogie positive. Elle cherche en particulier à développer chez les élèves les compétences psychosociales. Entre autres : savoir résoudre des problèmes, communiquer efficacement, avoir conscience de soi et des autres, savoir réguler ses émotions.

Voici un exemple de ce qu'elle propose en classe : « l'arbre des forces ». En utilisant un jeu de cartes, chaque élève doit se trouver des forces individuelles, identifier dans quelle situation scolaire il les active. Puis par groupe, chacun dit aux autres les forces qu'il leur trouve. Et ensuite, ils construisent l'arbre des forces de la classe.

Quel rapport avec les mathématiques ? Pour faire des mathématiques, et de manière générale pour étudier sereinement, il est important d'avoir confiance en soi, de connaître ses forces et de les développer. Faire des mathématiques demande de la persévérance ; réussir une évaluation nécessite un niveau de stress suffisamment bas pour pouvoir réfléchir. Son but c'est que les élèves prennent du plaisir à faire des mathématiques et progressent, chacun à son rythme.

Autre idée pour les motiver : elle leur propose un calendrier de l'Avent avec des énigmes mathématiques à résoudre...

Elle sait rendre les maths ludiques et utiles. Ce n'est pas toujours très bien perçu par ses collègues, mais les élèves sont ravis !

Elle est actuellement professeure à temps partiel, pour pouvoir à côté proposer des cours de yoga pour les petits et les grands, et mettre en place une activité de psychopédagogue en libéral.

Elle est en plus :

- Titulaire d'un DU en Neuro-éducation **(la tête)** ;
- Certifiée en psychopédagogie positive **(le cœur)** ;
- Certifiée RYE (Recherche sur le yoga dans l'éducation) **(le corps)**.

Et met ses différentes compétences au service de ses élèves, avec passion.

Caroline est née en 1976 à Châtellerault, puis a passé son enfance et adolescence à Cholet. Sans souci scolaire particulier, elle était passionnée de natation. Elle a d'ailleurs fait une section sport-études natation. Elle ne savait pas quoi faire à l'issue de la terminale. Elle a choisi d'aller étudier les mathématiques à l'université surtout pour pouvoir continuer le sport. En première année à Cholet, ensuite à

Angers. Elle avait un copain qui préparait le CAPES de mathématiques[12]. Après deux échecs, pour sa troisième tentative, afin de l'encourager, elle l'a préparé avec lui en candidat libre (elle était alors en maîtrise). Elle a eu l'écrit et n'avait pas du tout préparé l'oral – elle ne comptait pas spécialement être admissible. Elle a donc bossé comme une folle pendant deux mois, puis brillamment réussi. On peut dire qu'elle s'est retrouvée professeure presque par hasard. Mais elle a tout de suite adoré. Elle a fait sa première année de stage à Bourges, puis a été nommée en région parisienne, où elle est restée pendant vingt ans, exerçant son métier avec passion.

Puis, le système a eu raison de son enthousiasme, quelque chose s'est cassé, et elle s'est dit qu'elle devait peut-être chercher à faire autre chose. Elle s'est alors intéressée à la psychopédagogie, à la classe inversée, à la neuro-éducation, au yoga, et de fil en aiguille elle a créé une approche bien à elle, qu'elle souhaite développer dans l'école – si possible, mais l'administration et les collègues ne sont pas toujours bienveillants – ou hors de l'école, ou les deux. Elle a également déménagé en région lyonnaise et exerce depuis trois ans dans un nouveau collège.

Elle a toujours adoré les mathématiques. Au collège, elle avait une copine qui travaillait beaucoup et elle se disait « mais mince, pourquoi elle travaille ? ». Caroline, elle, prenait ça comme un jeu, elle y prenait du plaisir.

En sport-études Natation, elle voyait des mathématiques partout. Elle calculait son temps, les chronomètres, l'angle pour faire les culbutes, la fréquence cardiaque, son temps et ses courbes de récupération. Les mathématiques, c'était surtout un outil au service de sa passion, la natation. À aucun moment de sa vie elle n'aurait pu se passer des mathématiques.

En tant que professeur de mathématiques, elle ne cherche pas à ce que ses élèves soient « forts en maths », mais à ce qu'ils aiment

12. C'est un diplôme qui permet de devenir professeur fonctionnaire.

les mathématiques. Elle cherche aussi à donner du sens aux mathématiques.

Elle propose à ses élèves des ateliers « arts et maths », « métiers et maths », « actualité et maths » ; elle leur fait faire des sondages auprès des autres élèves pour faire des statistiques, regrouper des tables pour organiser un forum (division euclidienne), etc. Et en cherchant toujours de nouvelles idées pour donner du sens, elle aussi découvre et apprend des choses.

Qu'est-ce que les mathématiques lui apportent ?

- Les maths imposent des règles, un cadre. Cela lui donne un sentiment de sécurité, qu'elle cherche aussi à développer chez les élèves.
- Mais les maths apprennent aussi à sortir du cadre – par exemple quand on cherche un contre-exemple.
- Les maths permettent d'accepter la différence.
- Les maths fonctionnent par essai-erreur, cela apprend la persévérance.
- Les maths sont un jeu, ça lui apporte du plaisir ; elle cherche à les rendre le plus ludique possible pour ses élèves.
- Les maths servent à développer l'esprit critique : par exemple, quand on trouve des graphiques sur les réseaux sociaux, est-ce que ça a du sens ou pas ? Est-ce qu'on va repartager ou pas ?

Elle cherche à incarner les messages qu'elle veut faire passer. Pour elle, la cohérence c'est primordial.

Elle ne dirait pas que les mathématiques sont une passion. Avant, sa passion c'était la natation, maintenant c'est plutôt le bien-être. Mais elle a toujours fait des mathématiques.

Peut-être pourrait-on dire que sa passion, c'est « faire aimer les maths ».

Vous pourrez retrouver les activités de Caroline en classe sur : https://aufildesmaths.fr/

Et pour ses activités de yoga et psychopédagogie sur : http://www.ha2py.fr/

Le croissant de lune
Borne posée dans le ciel
Ultime composition

COMMENT LA TAPISSERIE D'UNE CHAMBRE D'ENFANT DÉCLENCHE UNE VOCATION

Cette histoire pourrait s'intituler « Sofia et le papier peint ».

On est en 1858 à Palibino en Russie. Vassili Vassilievitch Kroukovski et Elizaveta Fyodorovna Schubert s'installent à la campagne avec toute leur petite famille, à la retraite de Monsieur. Il faut rafraîchir le tout, repeindre, refaire les papiers peints. Quand vient le tour de la chambre des enfants, misère, plus de papier peint ! Il faut le faire venir de Saint-Pétersbourg, c'est long, compliqué et coûteux… et pour la chambre des enfants, pas vraiment utile, jugent les parents. Aussi décident-ils de faire avec les moyens du bord. Il se trouve que le père a acheté dans sa jeunesse un cours de calcul intégral et différentiel d'Ostrogradski. Il retrouve dans le grenier ses cours, et décide de les utiliser comme papier peint.

La chambre des enfants sera donc tapissée de mystérieux symboles mathématiques. Loin d'effrayer ou d'ennuyer la petite Sofia, ces formules la font rêver. Elle passe de longues heures à les regarder, à tenter d'en percer le sens. Elle recherche l'ordre dans lequel les feuilles ont été écrites et devaient se suivre.

> « *Cette contemplation prolongée et quotidienne finit par graver dans ma mémoire l'aspect matériel de beaucoup de ces formules,*

et le texte, quoiqu'incompréhensible au moment même, laissa une trace profonde dans mon cerveau. »

(Tiré de *Souvenirs sur Sofia Kovaleskaya*, de Michèle Audin, que je vous conseille vivement, pour tout savoir sur Sofia !)

Sofia a trouvé sa vocation, elle étudiera les mathématiques et deviendra mathématicienne !

Facile à dire, mais pas si facile à faire pour une fille à cette époque. Heureusement, son père, qui aime beaucoup les mathématiques, relève rapidement l'intérêt et le talent de sa fille pour cette matière, et la laisse assister aux cours de ses cousins. Elle surpasse rapidement tous les précepteurs. Elle lit par elle-même les ouvrages qui lui arrivent entre les mains, puis en 1867 elle a un professeur avec lequel elle apprend réellement les mathématiques. Par la suite, Sofia devra faire preuve de beaucoup de courage et de détermination pour pouvoir étudier, car à l'époque, les femmes ne sont pas admises dans les universités.

À force d'opiniâtreté, de rencontres et surtout grâce à son talent, elle obtiendra un poste dans une université, à Stockholm, et sera nommée au comité éditorial de la revue *Acta Mathematica* (première femme à ces postes). Elle est également renommée pour avoir apporté des réponses significatives dans la résolution des équations décrivant le mouvement d'un corps quelconque, et elle a inventé à cette occasion « la toupie de Sophie », sorte de gyroscope dont elle a étudié mathématiquement le mouvement.

Sofia est non seulement une bonne mathématicienne, mais également une GRANDE mathématicienne.

Elle sera la première femme au monde à obtenir un doctorat en mathématiques. Ce travail de doctorat sera à l'origine du théorème de Cauchy-Kovaleskaya. Chose amusante, son domaine de recherche est lié à celui de la tapisserie de sa chambre d'enfant !

C'est aussi une femme aventurière. Pour pouvoir quitter la Russie afin de poursuivre ses études à l'étranger, sans doute aussi par conviction politique (elle s'initie au nihilisme et remet en cause l'autorité), elle contracte un mariage blanc avec un jeune anarchiste. Car à cette époque, une femme ne peut pas voyager hors de Russie sans un père ou un mari. Ce jeune homme y a trouvé son compte aussi, cela lui a évité la prison. Ce mariage n'est finalement pas resté blanc, et ils ont eu une fille. Sophie et son mari Vladimir ont voyagé dans toute l'Europe, au gré des rencontres mathématiques de Sophie. Ils ont fréquenté les milieux révolutionnaires parisiens, en particulier pendant la Commune de Paris.

Elle trouvera le temps d'écrire également des romans et une pièce de théâtre.

Elle décédera à 41 ans de maladie.

Sofia Kovaleskaya était une femme passionnée aux multiples talents, mathématicienne, amoureuse, mère, engagée politiquement et poétesse.

On lui attribue cette phrase :

> « *Nul ne peut devenir mathématicien s'il n'est poète dans l'âme.* »

C'est vrai qu'une formule mathématique, c'est beau et poétique ! Une porte ouverte sur tout un monde ! Tout ça à cause d'une histoire de tapisserie !

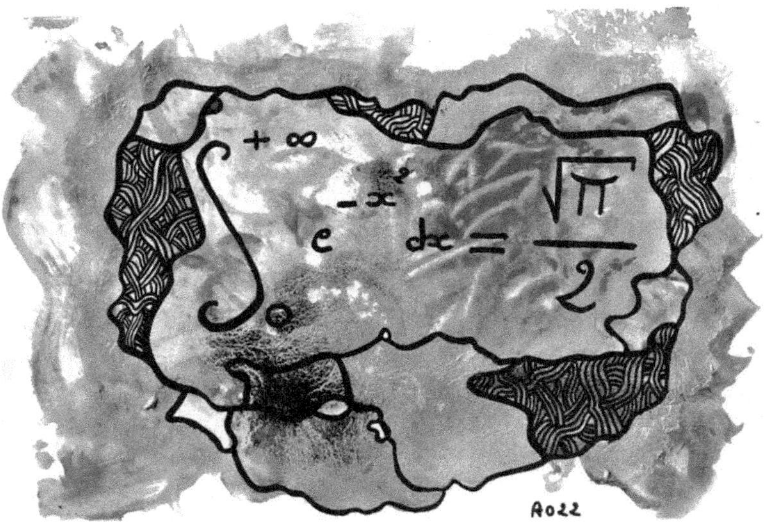
$\int_0^{+\infty} e^{-x^2} dx = \frac{\sqrt{\pi}}{2}$
AO22

ATELIER DE CRÉATIVITÉ MATHÉMATIQUE : LA BEAUTÉ DES FORMULES DE MATHS

C'est l'histoire de Sofia Kovaleskaya qui m'a donné l'idée de « peindre » des formules de maths et également de proposer des ateliers aux plus jeunes.

Pourquoi ne pas utiliser les symboles mathématiques pour leur beauté et leur mystère, comme des symboles venus d'un autre monde ? Si les enfants avaient l'habitude d'utiliser ces symboles dès leur plus jeune âge, et de les associer à la créativité, peut-être seraient-ils moins « effrayés » quand ils les rencontrent plus tard ? Ils seront peut-être ravis de pouvoir alors y mettre un sens.

Déroulé de l'atelier :

• *Matériel* : feuilles, feutres, crayons, peinture éventuellement.

Chaque enfant choisit une formule de maths dans un corpus proposé, et l'illustre à sa façon. Je leur montre également mes propres peintures, certains s'en inspirent. Cela développe également le sens de l'observation, car dans une formule tous les symboles sont importants, leur taille respective, leur place.

• *Exemples de corpus de formules* (pas nécessaire de les adapter à l'âge, l'idée est qu'ils se familiarisent avec des formules qu'ils comprendront plus tard). On trouvera d'autres belles formules dans le livre.

$$\frac{1+\sqrt{5}}{2}=\cfrac{1}{1+\cfrac{1}{1+\cfrac{1}{1+\cfrac{1}{1+\cdots}}}}$$

$$\int_0^{+\infty} e^{-t^2}\,dt=\frac{\sqrt{\pi}}{2}$$

$$\int_0^{+\infty} \frac{\sin t}{t}\,dt=\frac{\pi}{2}$$

$$\sum_{k=0}^{n} p^k=\frac{1-p^{n+1}}{1-p}$$

$$0{,}99999999999999999999999\ldots\ \ldots\ \ldots=1$$

$$n!\sim\sqrt{2\pi n}\,n^n e^{-n}$$

$$\sum_{n=0}^{+\infty}\frac{1}{n^2}=\frac{\pi^2}{6}$$

$$x\prod_{n=1}^{+\infty}\left(1-\frac{x^2}{\pi^2 n^2}\right)=\sin x$$

$$\prod_{n=1}^{+\infty}\frac{(2n)\times(2n)}{(2n-1)(2n+1)}=\frac{\pi}{2}$$

En arrivant au sommet
J'entrevois la possibilité
D'inverser les limites

JEAN-BAPTISTE ET LES AVIONS

Jean-Baptiste est actuellement ingénieur, il a été également professeur et il écrit des romans. Je vous recommande d'ailleurs son roman *Trente-trois heures* aux Éditions du Caillou. Il a un profil atypique et cela m'a intriguée.

Le fil rouge de sa vie, ce sont les avions. Cette passion est apparue très tôt. En revanche, il n'a apprécié les mathématiques qu'assez tardivement dans sa scolarité.

Il est né en 1987 à Paris et a souvent bougé en France, au gré des postes de son père qui était sous-préfet puis préfet. Pointe-à-Pitre, Aurillac, Chartres... Il est revenu à Paris pour terminer sa scolarité en lycée, en classe de première. Cette année-là, il a détesté les mathématiques, parce qu'il ne réussissait pas. Il s'est retrouvé dans les derniers de sa classe et cela l'a démotivé. En terminale, il a eu un « bon prof », ça marchait mieux, il réussissait, donc, ça marchait mieux, il était fier et il y retournait. Un cercle vertueux s'est mis en place. Pour lui, c'est la réussite et la fierté plutôt que le plaisir qui le motivent. Un « bon prof », c'est quelqu'un qui arrive à installer les conditions pour que les élèves réussissent et soient fiers.

Mais sa vraie rencontre avec les mathématiques s'est faite en première année de classe préparatoire, au lycée Stanislas, à Paris. Il a eu un professeur « brillantissime », très accessible, qui lui a appris la rigueur et la simplicité. La rigueur implique la simplicité, l'accès à une solution. Les choses quand elles sont posées proprement, deviennent simples. Résoudre un problème de mathématiques, c'était dérouler une méthode. Il réfute cette idée de l'étincelle, de la solution qui saute aux yeux.

En effet, cette idée que la solution arrive toute seule est très répandue. Alors qu'en fait il faut – on peut – aller la chercher. Cette année de mathématiques l'a formé à faire la part des choses entre ce qui est important et ce qui ne l'est pas. Et ça, il s'en sert tout le temps (par exemple pour comprendre le fonctionnement d'un moteur).

Son parcours après la classe préparatoire est brillant et classique à la fois. École polytechnique, Supaero, puis entrée dans l'industrie aéronautique, dans des « grosses boîtes ». Il a travaillé deux ans chez Safran à Toulouse.

Vers 30 ans, il y a eu un gros virage dans sa vie. Il a décidé de tout arrêter pour aller vers l'enseignement des mathématiques. Plusieurs raisons à cela. Il avait cette idée qui lui trottait dans la tête depuis la classe préparatoire, et il s'ennuyait dans son travail, il était contraint dans ses actions, et intellectuellement ce n'était pas nourrissant. Pour lui, être professeur c'était à la fois la liberté d'action, d'organisation et une activité stimulante intellectuellement. Une autre raison aussi était qu'il ne voulait pas passer 40 ans dans l'industrie aéronautique, il voulait voir d'autres façons de vivre. Il avait néanmoins dans l'idée que ce serait une parenthèse.

Il a préparé et eu l'agrégation de mathématiques tout en travaillant, puis il a été nommé dans un collège à Toulouse en année de stage. Mais la réalité de l'enseignement dans l'Éducation nationale ne correspondait pas à ce qu'il imaginait et il ne s'est pas senti complètement dans son élément. Par hasard et par chance, il a fait des vacations de mathématiques dans une école d'ingénieur (IPSA), ensuite il a obtenu un CDI pour y enseigner les mathématiques aux deux premières années, avec un vernis d'aéronautique. Puis il a plutôt enseigné l'aéronautique que les mathématiques, pendant deux ans.

Il a ensuite décidé de revenir vers l'industrie aéronautique, mais dans une petite structure. Il travaille actuellement dans une petite start-up qui conçoit un avion à décollage vertical. Il se sent mieux dans ce type de structure. Il se sent en particulier beaucoup plus stimulé intellectuellement. Il est également resté enseignant vacataire à l'IPSA, en aéronautique.

Dans son travail d'ingénieur, ce qu'il fait est assez technique, alors il utilise un peu les mathématiques, des mathématiques assez simples, niveau lycée (études de fonctions). Mais la majorité des ingénieurs utilisent assez peu d'outils mathématiques sophistiqués – en aéronautique en tout cas. Ils utilisent souvent des outils de calculs sans les comprendre.

Alors, pourquoi faire des mathématiques aussi poussées en classe préparatoire et recruter les élèves ingénieurs avec des épreuves de mathématiques complexes ?

Pour lui, les mathématiques sont un puissant outil de formation de l'esprit. Les mathématiques enseignent la rigueur, qui mène à la simplicité, ainsi que l'honnêteté intellectuelle. En mathématiques, on ne peut pas se contenter de mots, de passer d'une idée à l'autre sans justification, sans logique. Les mathématiques apprennent à débusquer les erreurs de raisonnement. Il ne supporte pas d'ailleurs la mauvaise foi, qu'on voit malheureusement à tous les niveaux. Ce qu'il utilise des mathématiques donc, c'est surtout le processus.

Au lycée, pour lui, ce qu'il manque, c'est d'apprendre à reconnaître les raisonnements faux et ça se paye dans la société actuellement. Il faudrait enseigner la logique de façon plus concrète (contraposée, réciproque, raisonnement par l'absurde, débusquer les généralisations abusives). Tout cela a de réelles implications dans la vie quotidienne.

Il s'est servi de « la méthode mathématique » pour écrire son roman – roman qui réunit sa passion pour l'aviation et les mathématiques –, il l'a conçu comme un problème de mathématiques. Il a imaginé la structure de l'intrigue, les indices qu'il allait donner et quand (son roman est une sorte de roman policier). La difficulté et le plaisir étaient de construire l'intrigue. La construction tient sur 5 pages, et le roman 150. C'était un exercice de rigueur, il ne devait pas y avoir de faille (pourquoi tel personnage pense à ça, à ce moment...). Il a relu le livre comme on lit une démonstration, en vérifiant que pas un argument ne manquait, sinon « tout se cassait la gueule ».

Il aime les mathématiques qu'il peut rattacher à des applications concrètes, la théorie des probabilités et la combinatoire. Les mathématiques avec les nombres entiers, ça suffit. En informatique on travaille beaucoup sur la sécurité, les pannes, et on utilise des arbres de probabilité.

Il est catalogué comme « le matheux » de sa boîte. Ses collègues viennent vers lui en lui posant des problèmes de mathématiques. Il ne se considère pas comme un mathématicien, mais comme « un bon matheux ». Rien que ça, ça le fait sortir du lot.

Les mathématiques, ça ne laisse pas neutre les gens. Soit on aime, soit on déteste. Pour lui, le plaisir vient avec la maîtrise. Il compare l'activité mathématique à la pratique du vélo d'appartement : on fait du vélo d'appartement pour former son corps, pas pour devenir cycliste professionnel. Mais faire du vélo d'appartement permet d'être en forme et de pouvoir mettre cette forme au service d'autre chose. Il a toujours été honnête avec ses élèves, quand ils lui demandaient « pourquoi fait-on des maths à l'école ? », il répondait « ça sert à la formation de l'esprit ».

Un résultat mathématique qui le fascine c'est « les aiguilles de Buffon ». C'est une expérience qu'on répète à l'infini – on lance des aiguilles sur un parquet, et on regarde quelle proportion d'entre elles sont à cheval sur deux lames, et... et c'est le nombre π qui sort. Cela permet de trouver une bonne approximation de π[13].

13. Enfin, tout est relatif, l'approximation n'est pas si bonne que cela, comme on le verra dans les simulations du chapitre suivant.

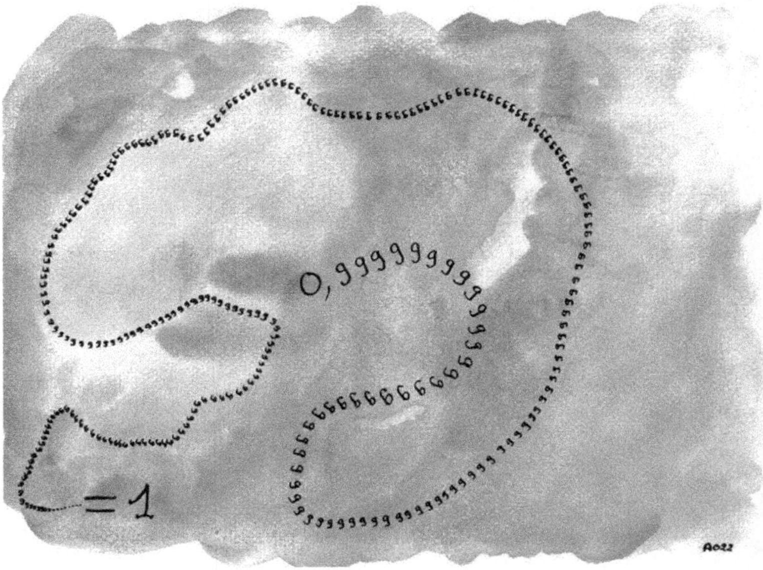
0,99999999999
=1

LES AIGUILLES DE BUFFON ET LA MÉTHODE DE MONTE-CARLO

Voici deux expériences assez simples à mettre en place, qui permettent d'obtenir de « bonnes » valeurs approchées de π. Évidemment, aujourd'hui, avoir des valeurs approchées de π n'est plus un problème, on connaît largement plus de décimales que nécessaire, mais ces méthodes sont intéressantes historiquement et se généralisent à d'autres contextes.

La première que je vais vous présenter, même si historiquement elle vient après la deuxième et en est une généralisation, est plus simple à comprendre. Les deux sont des méthodes probabilistes.

Elles reposent sur la notion de tirage uniforme et sur la loi faible des grands nombres.

UN PEU DE THÉORIE

Le tirage du loto, ou le lancer de dé, ou le lancer d'une pièce (s'il n'y a pas de trucage) sont des tirages uniformes. Si on lance une pièce, 2 possibilités (pile ou face), une chance sur deux d'obtenir pile, une sur deux d'obtenir face. Dans le cas du tirage du loto, chaque boule a la même chance de sortir, 49 boules, donc une chance sur 49. Pour le dé, une chance sur 6 pour chaque nombre.

Comment généraliser quand le nombre d'issues est infini ? Par exemple, si on donne rendez-vous à quelqu'un entre midi et une heure, et qu'il peut arriver à n'importe quel moment ? Ou si on lance une flèche sur une cible et qu'elle peut arriver sur n'importe quel point de la cible ? Dans ce cas, on ne pourra évaluer que la chance qu'elle tombe dans une portion de la cible, et cette probabilité sera égale à la surface de la portion considérée divisée par la surface totale.

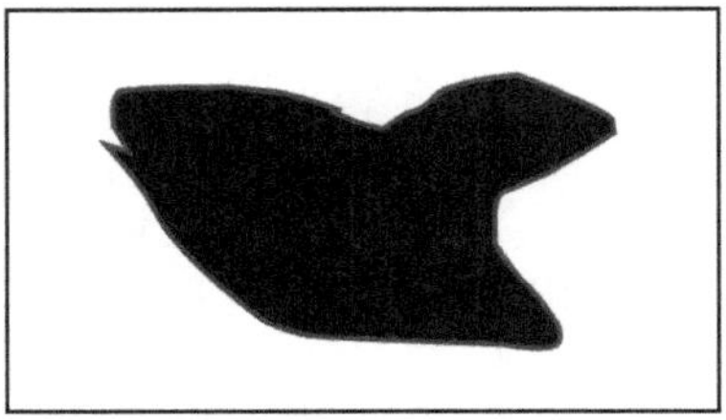

La probabilité qu'une flèche lancée sur cette « cible » arrive dans la partie en noir, est égale à la surface de la partie en noir sur la surface totale.

Comment évaluer cette surface, ou cette probabilité ? (L'un donne l'autre.)

C'est la loi des grands nombres qui va nous permettre de le faire. Cette loi dit en substance (en fait ici il s'agit d'un théorème, qui se démontre, ce n'est pas une loi arbitraire prise par décret) que quand on répète un grand nombre de fois une expérience dont le résultat est 0 (échec) ou 1 (succès), avec une probabilité p de succès, la proportion de succès est proche de p. Si on lance 100 fois une pièce non truquée, on a une bonne probabilité d'obtenir à peu près la moitié de pile.

Donc si je lance de façon uniforme une flèche sur ma cible, ou si je dessine un point de façon aléatoire et uniforme (le succès étant de tomber dans la partie en noir), la proportion de points sera égale à la surface de cette partie (si je m'arrange pour que l'aire de ma cible soit de 1, et que je ne dessine que des points à l'intérieur de la cible).

MÉTHODES DE MONTE-CARLO

Le nom de ces méthodes vient du « casino de Monte-Carlo », car il s'agit d'utiliser le hasard. Elles ont été inventées par Nicholas Metropolis, physicien gréco-américain, né en 1915 et mort en 1999.

Considérons un carré de côté 1 (donc d'aire 1) et un cercle de rayon 1/2 inscrit dans ce carré.

La surface de ce cercle est donc $\pi/4$. Un point dessiné au hasard de manière uniforme a donc une probabilité $p=\pi/4$ d'être à l'intérieur du cercle.

La loi faible des grands nombres nous dit donc que la proportion de points obtenue après un grand nombre de lancers est proche de $\pi/4$, avec une probabilité assez forte. Tout cela a l'air bien flou, mais avec un peu de maths on peut être plus précis. Cela restera néanmoins un résultat probabiliste.

C'est une méthode qui se programme très bien. En effet, informatiquement, un point se représente par un couple de coordonnées (x, y), tirées aléatoirement et indépendamment dans $[-1/2, 1/2]$. (On place le centre du repère au centre du carré. Le test pour savoir si le point est à l'intérieur du cercle est de comparer $x^2 + y^2$ avec 1/4. Si $x^2 + y^2 \leq 1/4$, le point est à l'intérieur.

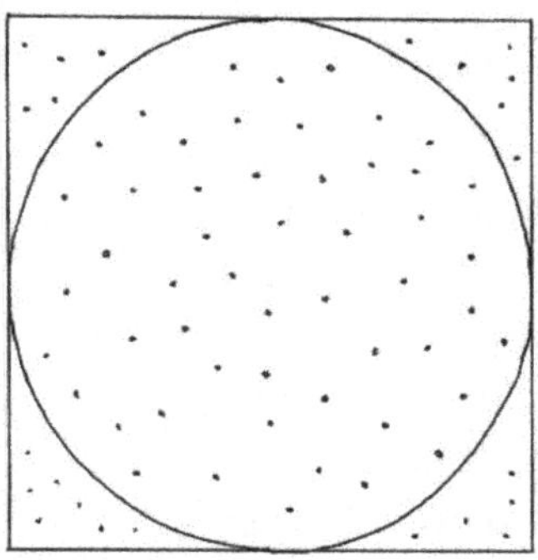

Dans ce dessin, on dénombre 75 points dont 52 à l'intérieur du cercle. Cela donne donc comme approximation de π, $4 \times 36 \div 54 = 2{,}77$. Bon, ce n'est pas terrible, il faudrait prendre davantage de points.

Sur le site de l'Éducation nationale, on peut trouver des programmes de simulation[14].

Cette méthode sera bien entendu plus intéressante pour avoir la valeur d'une surface non régulière, comme celle ci-dessus, difficile à évaluer par des méthodes de calcul. Ces méthodes algorithmiques ont l'avantage d'être peu coûteuses, simples à programmer.

LES AIGUILLES DE BUFFON

L'expérience des aiguilles de Buffon est moins intuitive. On considère une surface parquetée, les lames étant espacées régulièrement, la largeur d'une lame étant L. On lance de façon aléatoire et uniforme sur ce parquet des aiguilles de longueur a, avec $a \leq L$. Parfois les aiguilles tombent à cheval entre deux lames, parfois elles tombent sur une lame seulement.

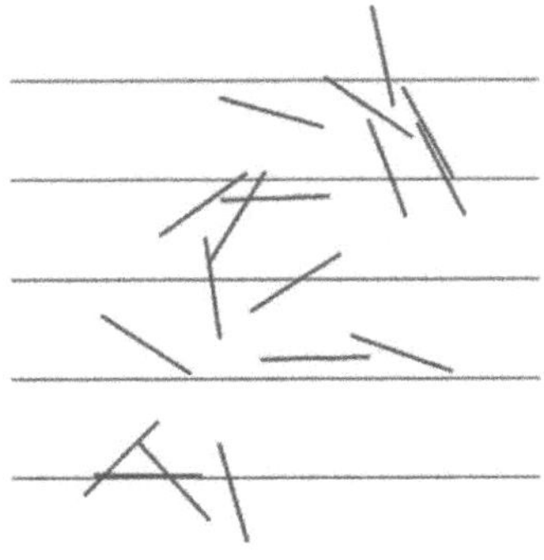

La probabilité qu'une aiguille tombe à cheval sur deux lames de parquet est de $\frac{2L}{\pi a}$.

En utilisant aussi ici la loi des grands nombres, la proportion d'aiguilles à cheval sur deux lames permet d'obtenir une valeur approchée de π, avec les mêmes réserves probabilistes[15].

14. https://media.eduscol.education.fr/ftp_eduscol/2019/Ressources/Mathematiques/RA19_Lycee_G_1_MATH_Algorithmique_et_Programmation_activite_11.html.

15. La simulation a été réalisée par Emmanuel Amiot.

On remarque qu'il y a 19 aiguilles, de la même longueur que l'écart entre deux lames, et qu'il y a 11 intersections. Ce qui donne comme valeur approchée de π : 3,454545.

On trouve également des simulateurs sur le net[16].

QUI ÉTAIT BUFFON ?

De son vrai nom, Georges-Louis Leclerc, comte de Buffon. Il est né en 1707 et mort en 1788. C'est un homme aux multiples talents.

Il a d'abord étudié le droit, pour faire plaisir à son père, puis au grand dam de celui-ci, il étudie les sciences à la faculté d'Angers (mathématiques, botanique et médecine). Ayant tué en duel un officier croate, il doit quitter précipitamment l'université. Il voyage alors en compagnie d'un jeune lord anglais et de son précepteur, naturaliste.

À la mort de sa mère en 1731, il récupère la propriété familiale de Montbard en Côte-d'Or (qui n'appartenait pas à son père en fait, mais à lui et sa mère), et fait construire l'hôtel de Buffon, qui comprendra en outre une ménagerie.

Il commence par écrire des articles de mathématiques, dont le mémoire « sur le jeu du franc carreau » a un vif succès. C'est un jeu qui ressemble aux fameuses aiguilles de Buffon. On jette une pièce sur un sol quadrillé, et on regarde si la pièce tombe dans un carreau, ou à cheval sur deux carreaux, ou plus. Ce mémoire introduit pour la première fois le calcul différentiel et intégral en calcul des probabilités.

C'est un ambitieux et un intrigant, talentueux également. Il rencontre des célébrités (Voltaire), et a de puissants protecteurs.

En 1739, il est nommé intendant du Jardin du Roi. Au cours de sa vie, il le transformera en centre de recherche et musée. C'est l'actuel Jardin des Plantes, situé dans le cinquième arrondissement de Paris.

Il est également industriel et exploitant forestier, en plus d'être naturaliste, mathématicien, biologiste, cosmologiste, philosophe et

16. Par exemple, https://experiences.mathemarium.fr/Calcul-de-pi-avec-des-aiguilles-et.html.

écrivain. Son œuvre majeure est néanmoins son Histoire naturelle, qui l'a occupé toute sa vie et qui contient tout le savoir de l'époque dans le domaine des sciences naturelles, en particulier concernant les animaux. Il met en avant l'importance de l'observation. Il s'est également intéressé à l'histoire de la Terre, et remet en cause les textes bibliques sur l'âge de la création. Ce qui n'est pas du goût de tout le monde.

Il est un des premiers à dire qu'il n'y a qu'une seule espèce humaine, faisant voler en éclats bien des préjugés de cette époque.

Bref, une personnalité foisonnante et riche, qui a laissé une œuvre riche et multiple, comme en témoignent les 14 « rues Buffon », le « lycée Buffon » à Paris, plusieurs portraits et statues et même un astéroïde baptisé Buffon.

Nos corps enlacés sans ordre
Perdent la raison
Aux frontières de l'extase

MYRIAM ET LES LEGOS

Myriam est maître de conférences en mathématiques à l'Université de technologie de Troyes, dans le domaine des mathématiques appliquées. Elle est très gaie, elle rigole tout le temps. Elle a l'air de beaucoup s'amuser à faire des mathématiques ! Elle est également engagée dans l'association Femmes et Maths[17], dont l'objet est de promouvoir la parité dans les mathématiques à l'université, d'encourager les filles à faire des études scientifiques, mathématiques en particulier, et de sensibiliser à la question d'égalité homme-femme en mathématiques.

Elle est née en 1973, elle a fait ses études à Paris. Collège Voltaire, puis lycée Hélène Boucher. Elle a aimé les mathématiques dès le collège. C'était pour elle une façon de ne pas grandir. Faire des mathématiques lui permettait de continuer à jouer, comme quand, enfant, elle jouait aux legos. En grandissant, au lycée, ce qui lui a le plus plu avec les mathématiques, c'était quand on lui disait « tu comprendras plus tard l'intérêt de ce que tu apprends maintenant ». Elle se disait « Ah chouette ! Il y a une suite ! » C'était comme une série, elle attendait le prochain épisode.

17. https://femmes-et-maths.fr/

Elle a continué les mathématiques à l'université Pierre et Marie Curie, jusqu'à l'obtention de sa thèse de statistiques en 2002. Étudiante, elle se levait très tôt pour être la première à la bibliothèque pour trouver un article. Elle avait l'impression d'être dans un épisode de *Mission impossible.*

Pourtant, elle « en a pris des baffes en maths ».

Par exemple, son directeur de thèse lui donne un article et lui demande de transposer les propriétés d'un process sur un autre. Elle écrit près de 60 pages et elle s'aperçoit qu'elle a fait une hypothèse qui est contredite à la page 32... Ou bien elle écrit un article sur un nouveau théorème et on lui dit qu'il est sorti il y a 6 mois...

Quand elle était étudiante, les professeurs d'université n'étaient pas toujours bienveillants. Ils étaient cash, peu encourageants. Il y avait surtout des hommes (ceci explique-t-il cela ?). Il est vrai qu'en mathématiques, on recherche la précision et la concision, les gens ne mettent pas forcément de « forme » dans leur façon de parler.

Mais les choses changent. Maintenant, il y a des formations pour être directeur de thèse et avoir un comportement « humain » avec les étudiants. On fait réfléchir les gens sur eux-mêmes, ce pourquoi ils veulent encadrer des thèses. On leur fait jouer des mises en situation (par exemple : un étudiant vient vous voir en vous disant, « je prends mon papier et je vais le vendre à Google, je veux gagner de l'argent. » Comment réagir ? – ou bien : une étudiante demande une interruption de thèse parce qu'elle est enceinte, que faites-vous ?).

Dans son domaine de recherche (les mathématiques appliquées), il y a à peu près autant de femmes que d'hommes.

Pour elle, un vrai matheux, c'est quelqu'un qui met à l'aise, avec lequel il y a un échange. C'est ce qu'elle fait – avec succès – avec ses étudiants.

Pour elle, dans le monde des mathématiques, on rencontre beaucoup « de grands gamins ». Ils jouent à faire des maisons avec des briques de lego, en oubliant parfois « le monde extérieur ».

Les mathématiques prennent la forme que l'on veut. Elles peuvent être rigolotes, ou bien faire peur, ou bien être un jeu. Faire des mathématiques permet de se connaître mieux. Est-ce qu'on a un raisonnement synthétique, analytique, méticuleux ? Suivant le domaine des mathématiques que l'on aime, on se découvre des caractéristiques. Par exemple, Myriam aime les mathématiques appliquées, ce qui va avec son côté « touche à tout », curieuse.

Myriam n'arrête pas de s'amuser. Quand elle enseigne, elle fait plein de blagues. Certains professeurs, peut-être par timidité, rendent les mathématiques froides. Elle dit souvent, aux gens qui n'aiment pas les mathématiques « les maths ne vous ont rien fait ! C'est sans doute la personne qui vous les a présentées qui ne vous a pas permis de les aimer, de les découvrir. »

Ce qu'elle trouve rassurant dans le monde des mathématiques, c'est qu'il n'y a pas de fin, alors que nous, les humains, sommes mortels. Dans le monde des mathématiques, le temps ne passe pas. Le théorème de Pythagore par exemple, qui est tellement vieux, on continue à l'enseigner. Il ne se démode pas. Quand elle fait des mathématiques, elle n'a pas l'impression de vieillir. Quand elle reprend ses anciens cours, elle a même l'impression de rajeunir. Il n'y a pas de choses qui deviennent fausses ou dépassées en mathématiques. Dans la vie, rien n'est stable, alors que le théorème de Pythagore, lui, il sera toujours là.

Elle aime aussi faire des mathématiques le soir quand elle a été énervée ou contrariée dans sa journée. Elle fait des exercices bien calculatoires, des calculs d'intégrales par exemple. Ça la détend et l'apaise.

Elle refait aussi des problèmes. Elle apprécie l'élégance mathématique. Il y a une esthétique de la démonstration succincte. C'est comme au musée, quand on a appris à regarder un tableau. Pour elle les mathématiques ont aussi un côté artistique. Elle aime par exemple les cinq ou six démonstrations élégantes de la belle formule :

$$\sum_{n=1}^{+\infty} \frac{1}{n^2} = \frac{\pi^2}{6}$$

$\frac{1}{1^2} + \frac{1}{2^2} + \frac{1}{3^2} + \frac{1}{4^2} + \frac{1}{5^2} + \frac{1}{6^2} + \frac{1}{7^2} + \frac{1}{8^2} + \dots + \frac{1}{21^2} + \frac{1}{22^2} + \frac{1}{23^2} + \frac{1}{24^2} + \frac{1}{25^2} + \dots$
$\sum_{k=1}^{+\infty} \frac{1}{k^2} = \frac{\pi^2}{6}$
AO22

PYTHAGORE, MYTHE OU RÉALITÉ ?

LE THÉORÈME DE PYTHAGORE

Je pense que personne en France n'ignore le nom de Pythagore. Le théorème de Pythagore est vu en classe de quatrième, en général c'est là que les mathématiques deviennent clivantes, soit on accroche, soit on déteste. C'est le premier théorème et les premières démonstrations.

« Encore une journée passée sans utiliser le théorème de Pythagore ! », ai-je un jour trouvé sur Internet, post rageur d'un déçu des mathématiques.

Le théorème de Pythagore date de l'Antiquité grecque et pourtant il est toujours d'actualité. En effet, les mathématiques ne se démodent pas. Il existe des formulations plus modernes de ce théorème géométrique, et on lui a trouvé des applications qui vont bien au-delà des triangles rectangles.

Par exemple, dans le traitement du signal sonore (c'est-à-dire comment transformer un signal sonore pour qu'on puisse l'entendre sur nos téléphones ou autres diffuseurs de musique), on utilise les transformations de Fourier qui utilisent le théorème de Pythagore.

Le théorème de Pythagore donne un moyen pour vérifier qu'un triangle est rectangle ou pour calculer des distances si on sait que le triangle est rectangle.

Évidemment, cela peut paraître curieux de demander à un élève :

Voici le triangle suivant :

ABC, avec AC = 3 cm, AB = 4 cm et BC = 5 cm.

Est-il rectangle ? avec une figure où on « voit » clairement qu'il y a un angle droit...

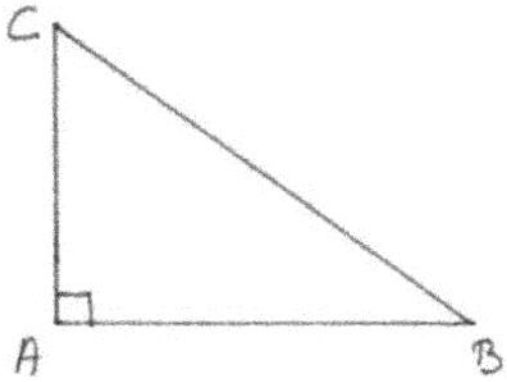

C'est la première fois que l'on est confronté à la nécessité de « démontrer » ce qu'on affirme. Ne pas se contenter du « c'est comme ça, ça se voit, je le dis et j'ai raison ». Et pourtant, démontrer, justifier ce qu'on affirme c'est une telle nécessité dans la vie !

Voici une démonstration du théorème de Pythagore, une démonstration géométrique, par puzzle.

C'est très facile de fabriquer le puzzle et de l'utiliser ensuite.

Étape 1

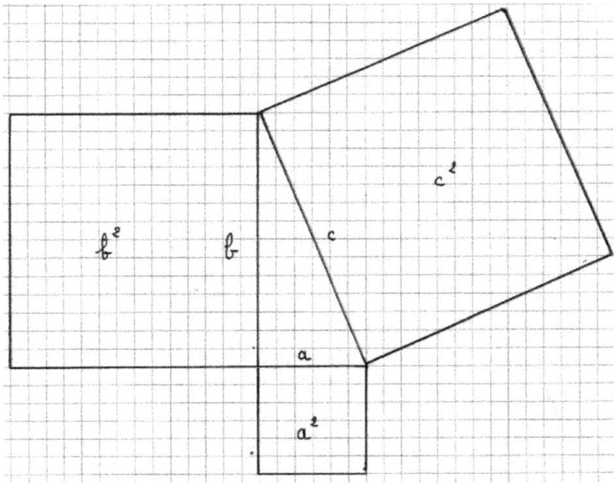

On construit un triangle rectangle de côté a, b, c. Puis sur chaque côté 3 carrés. L'aire des carrés est respectivement a^2, b^2 et c^2.

Étape 2

On construit le puzzle.

On découpe le carré moyen en 4 morceaux, numérotés 1, 2, 3 et 4. Le petit carré est la 5ᵉ pièce du puzzle.

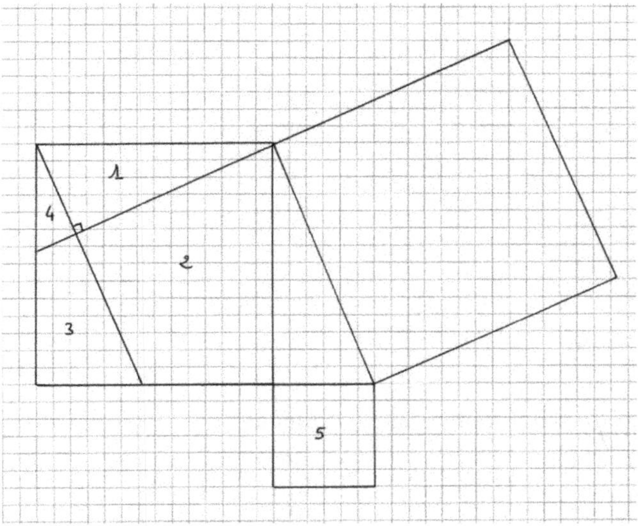

Étape 3

Avec ces 5 pièces, on reconstitue le grand carré.

On a donc montré géométriquement que l'aire du grand carré est égale à la somme des aires des deux autres.

On a bien :

$$c^2 = a^2 + b^2$$

Cette construction géométrique est facile à faire à la main (j'ai moi-même fait les découpages, d'où le côté un peu artisanal des figures). C'est intéressant pour comprendre le théorème. Il existe d'autres puzzles de Pythagore (faciles à trouver sur Internet, en effectuant la requête « démonstration géométrique du théorème de Pythagore », par exemple).

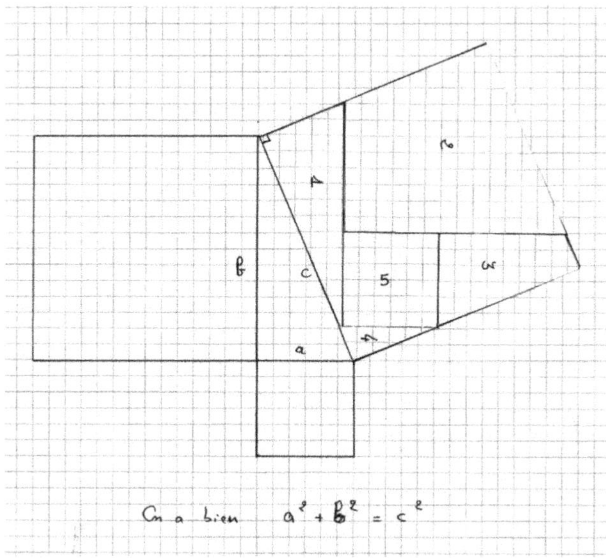

On peut néanmoins utiliser le théorème pour démontrer qu'un triangle est rectangle, ou pour calculer des longueurs de côté, sans connaître la démonstration. C'est ce qu'on attend des élèves de collège.

MAIS QUI ÉTAIT PYTHAGORE ?

Certains prétendent même qu'il n'a jamais existé.

En tout cas, tout cela remonte à l'Antiquité grecque. Il serait né en 585 avant J.-C. à Samos et mort en 495 avant J.-C. à Métaponte en Italie, à l'âge de 85 ans. Il n'a laissé aucun écrit, et on ne sait presque rien de sa vie. Attention, cela ne remet pas en cause la justesse du théorème de Pythagore !

Ce qu'on sait, ou ce que l'on raconte, c'est qu'il serait le fils de Mnésarque, ciseleur de bagues, et de Parthénis, d'une beauté exceptionnelle. Tous les deux seraient des descendants de Poséidon[18].

18. Poséidon est le dieu de la mer chez les Grecs de l'Antiquité, frère de Jupiter.

Pythagore, lui, prétendant se souvenir de ses vies antérieures, dira avoir été fils d'Hermès, héros de la guerre de Troie, chaman, pêcheur…

Il est à la fois philosophe et mathématicien, initié aux mystères spirituels. Après avoir beaucoup voyagé, et vécu de nombreuses aventures, il fonde une école à Crotone, dans la région de Calabre, en Italie. Son école est entre la secte et la communauté, on y entre après une initiation, on y étudie la philosophie, les sciences, la politique, la religion et les mathématiques. Les élèves de l'école sont tenus au secret.

Il y a quatre stades dans son école. Le premier est le stade du postulant. Si on est admis, on devient néophyte. S'ensuit alors une période de probation de trois ans. On devient, le cas échéant, acousmaticien. Cet état dure cinq ans, pendant lesquels l'élève doit garder le silence, au sens propre. Il reçoit des enseignements de Pythagore, qui reste caché derrière un rideau.

Puis arrive alors le stade ultime, celui de mathématicien. Les mathématiciens ont le droit de voir Pythagore, et accèdent à la connaissance intérieure, cachée. Peut-être que c'est là qu'on leur révèle que Pythagore n'existe pas ! Ils n'ont pas le droit de révéler les secrets.

On peut remarquer que c'est quand même plus facile à notre époque de devenir mathématicien !

Dans l'école de Pythagore, il y a des règles strictes, l'une d'elles est le végétarisme.

Pour les Pythagoriciens, « tout est nombre ». L'apport de Pythagore est le développement de la notion de nombre et de la démonstration. Il représente les nombres par des formes géométriques et développe une « arithmétique géométrique ». Il y a des nombres linéaires, triangulaires, rectangulaires, etc. Les démonstrations s'appuient sur des figures géométriques (comme celle du puzzle plus haut).

10, par exemple, est un nombre complet.

En effet $10 = 1 + 2 + 3 + 4$, c'est un nombre triangulaire, la Tetraktys.

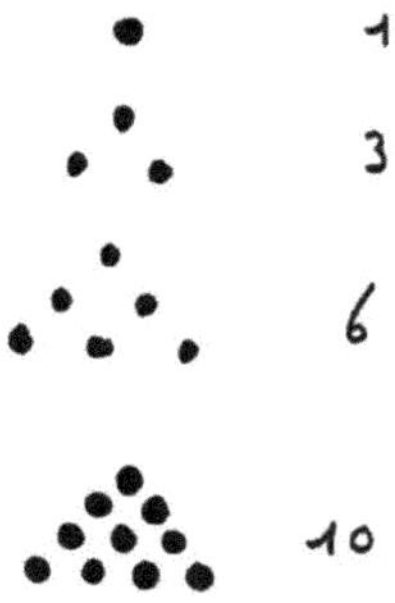

Les nombres triangulaires sont de la forme :
$1+2+3+4+\ldots+n$, qui vaut $\frac{n(n+1)}{2}$.
Les premiers sont donc 1, 3, 6, 10, 15, 21, etc.

Pythagore croyait que l'âme est immortelle, et transmigre dans d'autres espèces animales. On raconte qu'il aurait enseigné à ses disciples les secrets de l'immortalité. En tout cas, on peut dire qu'il a bien réussi son coup, puisqu'on parle encore de lui plus de 2 500 ans après. Et ce n'est pas près de s'arrêter.

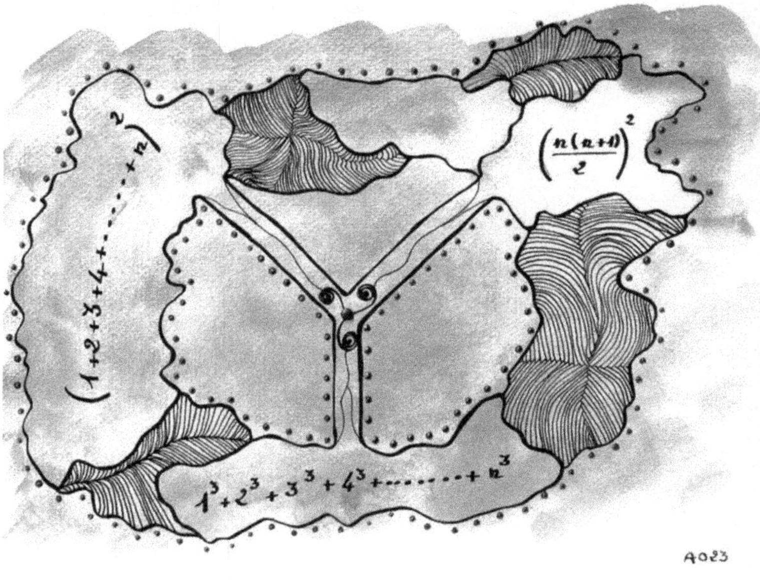
$(1+2+3+4+\ldots\ldots+n)^2$
$\left(\frac{n(n+1)}{2}\right)^2$
$1^3+2^3+3^3+4^3+\ldots\ldots\ldots+n^3$

LAURENT, L'INGÉNIEUR QUI FAIT DE LA LINGERIE FÉMININE

Laurent est né en 1985, à Toulouse. Son père était ingénieur et sa mère employée de banque.

Dès son plus jeune âge, il s'intéressait à tout. Il lisait des dictionnaires, des articles, sur tous les sujets. Il retient facilement si ça l'intéresse. Paradoxalement, il n'aimait pas lire à l'école. Les ateliers de lecture étaient pour lui des après-midi d'ennui. L'école ne s'occupe pas beaucoup du sens. Lui, il s'intéressait à la science, aux expériences, aux encyclopédies. Il aimait savoir comment ça marche. Il a très rapidement su qu'il voulait travailler dans les sciences, ce qui en plus est valorisé par le système scolaire.

À quatre ans, il n'aimait pas l'école. Son père lui a alors dit que c'était très important pour pouvoir avoir un travail qui lui plairait. Son père construisait des fusées, il trouvait ça chouette. Après cette discussion, il s'est dit qu'il serait un bon élève. Par la suite, toute sa scolarité s'est déroulée facilement, jusqu'à ce qu'il arrive en classe préparatoire. Là « il a découvert le vrai monde ».

Il avait pratiqué l'escrime à haut niveau. Il aimait la compétition, avoir des objectifs, des stratégies pour être « meilleur que les autres ». Il est allé en classe préparatoire, au lycée Fermat à Toulouse. Le côté compétitif de la classe préparatoire n'était pas un problème pour lui.

En première année, ses difficultés ont plutôt été avec le rythme de travail, parce qu'il n'avait pas assez de temps pour butiner de droite à gauche. Il a aussi eu de grosses difficultés en mathématiques et il a énormément perdu confiance en lui. En deuxième année, il a retrouvé confiance dans ses capacités. Il a eu la révélation aux moments des écrits. Il s'est dit que tout était jouable, et il s'est mis à travailler 10 heures par jour pendant les trois semaines de révision. Il a levé le pied à la fin, parce que Jean-Paul II est décédé, et qu'il a pris conscience de vivre un moment historique. Il a passé un peu de temps à suivre cet événement. Il a bien réussi ses concours et a pu choisir l'école d'ingénieur qu'il voulait, l'ENSEEIHT. Ce qui lui plaisait, c'était l'automatique, pour lui, c'est la filière la plus généraliste, la plus utile dans l'industrie.

Après l'école, il est rentré dans une grande entreprise toulousaine. Le parcours classique de la personne issue du « bon » milieu. Pendant 5 ans, il a adoré son travail. Il était fasciné par les nouveaux sujets, les nouvelles problématiques. Il était ingénieur en puissance électrique, il avait une vision large. Il avait un bon statut social, il donnait des conférences. La belle vie.

« Quelle naïveté », dit-il. Il a ensuite compris que les choses n'étaient pas aussi belles.

Son projet était de devenir « expert », mais cela ne s'est pas passé comme il imaginait. Il a eu l'opportunité de faire de l'ingénierie système, ce qui est antinomique avec la position d'expert. Un expert connaît beaucoup de choses sur un seul domaine, alors que l'ingénieur système connaît peu de chose dans beaucoup de domaines. On lui a dit qu'il « flinguait » sa carrière. Mais quelle carrière ? Il a pris beaucoup de recul. Il n'est d'ailleurs plus du tout dans l'état d'esprit de jeunesse, du compétiteur. Il est content de son choix, il apprend plein de choses sur plein de trucs.

Il y a une chose qui lui fait peur, c'est d'oublier les quatre opérations (+, −, ×, ÷), parce qu'il utilise tout le temps des ordinateurs. Alors il fait des opérations à la main, il se souvient par exemple de la preuve par neuf. Il est aussi fasciné par les règles à calcul. C'est un outil élémentaire mais puissant et qui suffit largement en fait.

Ce qui l'intéresse, c'est, face à un problème, de voir comment on peut le simplifier, s'il a déjà eu un problème du même genre, etc.

Dans le monde actuel, on nous impose de travailler avec des outils complexes, on complique les problèmes.

Par exemple, considérons « la jeune génération », ils sont bons techniciens, mais ils ne cherchent pas à réfléchir, dès qu'ils ont une question, ils demandent à Google – qui de fait détient le pouvoir.

C'est ça le libéralisme. Les gens n'ont pas besoin d'être éduqués, il faut qu'ils consomment.

Les Américains ont amené l'Homme sur la Lune, alors que l'informatique embarquée à l'époque n'est qu'une petite fraction d'un téléphone d'aujourd'hui. On peut dire qu'une règle à calcul a suffi pour envoyer les hommes dans l'espace. L'Homme n'a pas eu besoin d'intelligence artificielle ou d'ordinateur quantique pour aller sur la Lune, son intelligence a suffi.

Aujourd'hui, malgré la complexité de nos outils actuels, qui permettent d'optimiser davantage, nous ne construisons pas des choses beaucoup plus compliquées qu'à l'époque des premières fusées.

Laurent dans son travail n'utilise pas des mathématiques très techniques, mais faire des mathématiques à haut niveau pendant ses études lui a permis de former son raisonnement.

Pendant le confinement (en 2020), ils se sont dits avec sa femme qu'ils allaient enfin avoir du temps pour faire ce qu'ils voulaient. Laurent est allé acheter des livres et une machine à coudre. Et il s'est rendu compte qu'il avait un don pour faire de belles coutures.

Il a commencé à faire des vêtements. Avec du tissu, une structure et des formes géométriques, on fabrique une robe, une jupe. Mais faire de grandes découpes, c'était compliqué dans son salon. Il a lu un article sur la lingerie. Il était écrit « si vous n'avez jamais assemblé de chemisiers, faire des culottes, même pas en rêve ! ». Il y a vu un défi. Le tissu est difficile à travailler. Mais il a essayé et s'est rendu compte qu'il y arrivait super bien. Ses grands-mères étaient couturières, mais ne lui avaient pas spécialement appris. Mais peut-être que quelque chose lui a néanmoins été transmis.

Faire de la lingerie est assez magique, ça donne du sens, il voit tout de suite le résultat. Dans l'industrie, les résultats sont à trop long terme, et sont dispersés entre différents acteurs.

Il a toujours été fasciné par les artisans de qualité, en France. Il a voulu créer un business sain. Fabriquer en France, plutôt que faire faire par des esclaves des articles de mauvaise qualité. Une heure de travail au Bangladesh, c'est 1 euro, en France 11 euros. Ça lui tient à cœur de montrer que c'est possible, de faire de belles choses, et que ça marche.

Il a créé sa boîte, Léocadie Lingerie[19], il vend sur Internet, en local, dans son réseau. Il fait aussi des « ateliers culotte », ce qui lui génère pas mal de commandes.

Fabriquer des culottes, en fait, c'est très mathématique. Il faut faire des découpes très précises, il faut faire des calculs sur la position de l'aiguille pour les coutures. Il fait pas mal de calculs mentaux pendant qu'il coud. Quand la couture démarre, il faut être très concentré, très précis. Et puis il y a tout le calcul autour du prix.

Pour lui, les mathématiques c'est un langage universel. Dans le milieu industriel, souvent les gens ne se comprennent pas, mais dès qu'on écrit des mathématiques, tout se clarifie. Partout sur le globe, les gens sont d'accord autour des mathématiques. Il a toujours aimé le côté défi des mathématiques. Rien n'est acquis face à un problème.

19. https://www.leocadie-lingerie.fr/

La figure de l'infini…
Une proposition surprenante
Et excitante

LA PREUVE PAR 9, PAR 11 ET L'ARITHMÉTIQUE MODULAIRE

LA PREUVE PAR 9

Ceux qui sont allés à l'école avant l'invasion des machines à calculer et des ordinateurs, ou les curieux, comme Laurent, se rappellent peut-être la preuve par 9. C'est un test facile à faire pour savoir si le résultat d'une multiplication ou d'une addition est juste.

En fait, plus exactement, ce test donne une certitude que le résultat est faux, mais ne permet pas d'assurer qu'il soit juste. En même temps, à moins qu'on n'écrive n'importe quoi, on peut être quasi certain que le résultat est juste. Il permet de détecter l'éventuel oubli d'une retenue par exemple.

De quoi s'agit-il ?

Réduction par 9

On va d'abord apprendre à réduire un nombre « par 9 ».

Par exemple : 36 582.

On fait l'addition des chiffres qui le composent, et ainsi de suite jusqu'à obtenir un nombre entre 0 et 8 :

$3+6+5+8+2=9+5+10 \rightarrow 5+10=15 \rightarrow 1+5=6$

Si on a des 9 dans le nombre, ou si un résultat intermédiaire donne 9, on le remplace par 0.

Si le résultat final donne 9, on le remplace par 0.

C'est donc assez agréable, chaque fois qu'on trouve un 9, on met un 0.

Autre exemple :

721 → 7+2+1=9+1 → 1

Un dernier :

26 375 622 → 2+6+3+7+5+6+2+2 → 2+5+6+2 → 6

(à chaque fois qu'un résultat intermédiaire donne 9, je l'ai supprimé).

Preuve par 9 dans la multiplication

A-t-on 36 582 × 721=26 375 622 ?

La réduction de 36 582 est 6, celle de 721 est 1. On calcule 6 × 1 et on réduit par 9 si besoin : ici on trouve 6. On calcule ensuite la réduction par 9 du résultat supposé, et si on a le même résultat, c'est probablement juste. Ici ça marche, et c'est d'ailleurs juste.

En revanche, 534 × 784=418 658 est faux car :

534 → 5+3+4 → 3

784 → 7+8+4=7+12=19 → 1+9 → 1

3 × 1=3

Et 418 658 → 4+1+8+6+5+8 → 10+13=23 → 2+3=5

Or 3 ≠ 5, donc c'est faux !

En revanche, 418 656 → 4+1+8+6+5+6 → 10+11=21 → 2+1=3

Et on a bien 534 × 784=418 656 !

La règle est donc : le produit des réductions par 9 doit être égal à la réduction par 9 du produit.

Preuve par 9 dans l'addition

On fait la même chose, mais c'est la somme des réductions par 9 qui doit être égale à la réduction par 9 de la somme !

Est-ce que 36 582 + 721 = 37 403 ?

On a vu que la réduite de 36 582 est 6 et celle de 721 est 1. On a : 6 + 1 = 7

La réduite de 37 403 est :

3 + 7 + 4 + 0 + 3 → 17 → 8

8 ≠ 7, donc c'est faux.

En effet, on s'est trompé dans la retenue, le bon résultat est 37 303.

LA PREUVE PAR 11

On utilise le même principe, mais on s'y prend différemment pour faire la réduction par 11.

On fait la somme alternée de chaque chiffre qui compose **le nombre à partir de la droite ;** on réitère si besoin. Si le résultat final est négatif, on ajoute autant de multiples de 11 que nécessaire pour obtenir un résultat entre 0 et 10.

36 582 → 2 – 8 + 5 – 6 + 3 = – 4 → – 4 + 11 = 7

721 → 1 – 2 + 7 = 6

6 × 7 = 42 → 2 – 4 = – 2 → – 2 + 11 = 9

26 375 622 → 2 – 2 + 6 – 5 + 7 – 3 + 6 – 2 = 9

On trouve le même nombre, donc on a de sérieux indices pour penser que c'est juste.

Si on couple la preuve par 9 et la preuve par 11, on peut être vraiment tranquille.

L'ARITHMÉTIQUE MODULAIRE

Ces preuves reposent sur le calcul modulaire. De quoi s'agit-il ?

Pour le comprendre, revenons à la division de notre enfance. Comment partager 26 bonbons en 7 personnes (de façon que chacun en ait le même nombre) ? On n'envisage pas de couper les bonbons. La solution est donc d'en distribuer 3 à chacun, et il en restera 5.

On a en effet 26 = **3** × 7 + **5**.

3 est le **quotient** et 5 le **reste.** Cette opération qui donne quotient et reste, s'appelle « faire la division euclidienne de 26 par 7 ».

Il est aisé de comprendre qu'il n'y a que 7 restes possibles, 0, 1, 2, 3, 4, 5 et 6.

Si deux nombres ont le même reste dans la division euclidienne par 7, on dit qu'ils « sont égaux modulo 7 ». Si un nombre est divisible par 7, son reste dans la division euclidienne par 7 est nul. Si un nombre est égal à 0 modulo 7, cela veut dire qu'il est divisible par 7.

Par exemple, 26 et 40 sont égaux modulo 7, parce que $25 = 3 \times 7 + 5$ et $40 = 5 \times 7 + 5$.

Faire de l'arithmétique modulaire, modulo 7, consiste à ne faire des opérations que sur les restes, et à réduire les résultats aux restes.

Par exemple $4 \times 6 = 3$ modulo 7.

On peut évidemment faire de l'arithmétique modulo n'importe quel nombre. L'arithmétique modulo 2 est très utilisée en informatique : il n'y a que deux restes possibles, 0 et 1.

On a les opérations très simples :

$0+0=0$, $0+1=1+0=1$, $1+1=0$

et

$0 \times 0=0$, $0 \times 1=1 \times 0=0$ et $1 \times 1=1$[20].

Dans la preuve par 9, il s'agit de l'arithmétique modulo 9 et dans celle par 11 de l'arithmétique modulo 11.

Une propriété assez simple à démontrer qui fonde l'arithmétique modulaire est : le reste de la somme est la somme des restes, et le reste du produit est le produit des restes.

Et bien entendu, deux nombres qui n'ont pas le même reste ne peuvent pas être égaux.

Dans la preuve par 9, on peut démontrer que réduire le nombre revient à calculer son reste modulo 9. La preuve par 9 consiste à vérifier si la somme des restes est égale au reste de la somme ou si le produit des restes est égal au reste des produits.

20. On peut reconnaître les opérations logiques « ou » et « et » en donnant à « 0 » la valeur « Faux » et à « 1 » la valeur « Vrai ».

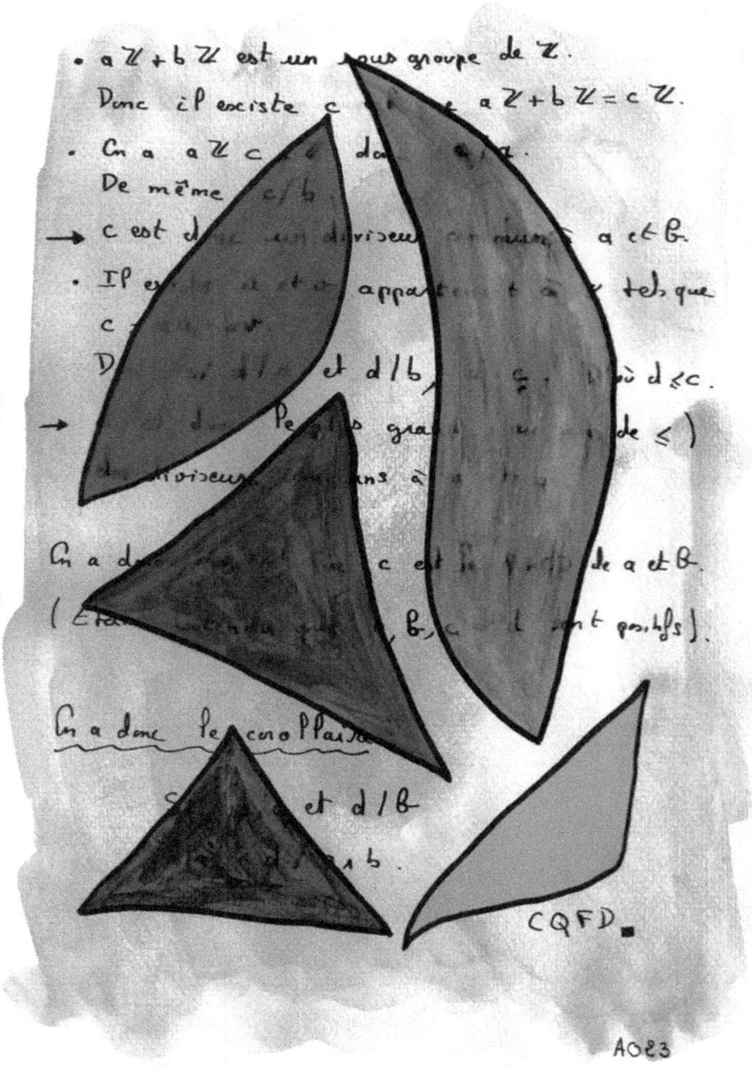
De même
CQFD
AO23

QUELLE EST LA VALEUR DE Π ?

π est un nombre qui fascine les mathématiciens. Il est presque certain que tout le monde l'a rencontré au moins une fois dans sa vie.

Je me souviens d'une question « amusante » (pour moi…) d'un élève qui me demandait « quelle était la **vraie valeur** de π ? » C'était pour finir un calcul, parce que sans doute un résultat du genre « $\frac{\pi}{2}+1$ » ne lui convenait pas.

J'imagine que les personnes qui ont un souvenir scolaire encore frais, répondront 3,14.

Mais pour un mathématicien, c'est une question qui a une réponse simple et évidente, la valeur de π, c'est π ! Si je demande de calculer une somme, par exemple la somme des $\frac{1}{n^2}$ pour n variant de 1 à l'infini, la réponse c'est $\frac{\pi^2}{6}$, je ne vais pas attendre une autre réponse, comme 1,6432.

La question pertinente est plutôt celle-ci : quelle est la bonne valeur approchée de π ?

Et, question subsidiaire, car tous les nombres peuvent s'écrire sous une forme décimale, avec selon les cas, une infinité de chiffres après la virgule, ou aucun, ou un nombre fini, quel est le développement décimal de π ?

Ces questions fascinent les hommes depuis très longtemps. Le nombre π fait rêver, les recherches de valeurs approchées aussi, et la connaissance des décimales de π est une question de recherche actuelle.

Le nombre π a son jour, le 14 mars (3 14 en effet, aux États-Unis, quand on donne une date, on donne le mois en premier), il existe de nombreux livres et sites sur la question, par exemple celui-ci : http://www.π314.net/.

Mais c'est quoi π d'abord ?

On peut définir π comme le rapport entre le périmètre d'un cercle et son diamètre. Ce rapport est toujours constant quel que soit le cercle.

Ce n'est pas forcément une propriété évidente. Si on s'intéresse aux rectangles par exemple, figures géométriques assez familières, le rapport entre le périmètre et la longueur de la diagonale n'est pas constant.

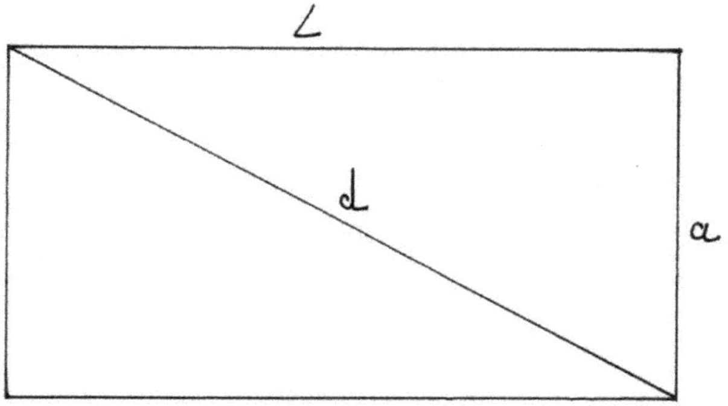

Si on note L la longueur, a la largeur et d la mesure de la diagonale, on a, grâce au théorème de Pythagore, que :

$$d = \sqrt{L^2 + a^2}$$

Le périmètre est $P = 2(L + a)$.

Pour un rectangle de longueur 2 et de largeur 1, la diagonale vaut $d = \sqrt{5}$, le périmètre $P = 6$, le rapport donc $\frac{6}{\sqrt{5}}$.

Alors que dans le cas d'un rectangle de longueur 3 et de largeur 2, la diagonale vaut $d = \sqrt{13}$, le rapport $\frac{10}{\sqrt{13}}$.

Si on ne considère que les carrés, en revanche le rapport est à nouveau constant, c'est $2\sqrt{2}$.

Au passage, on a utilisé une méthode employée régulièrement en mathématiques pour montrer que quelque chose est faux, c'est la « méthode du contre-exemple ». Cela vaut aussi pour les généralisations abusives dans les conversations courantes.

Revenons au nombre π. π est donc le rapport entre le périmètre d'un cercle et son diamètre. Mais c'est aussi le rapport entre l'aire d'un cercle et le carré de son rayon. Cette propriété a été validée par Archimède de Syracuse, mathématicien grec (287-212 avant J.-C.).

Mais, encore plus surprenant, c'est que ce nombre – en mathématiques on va dire « cette constante » – issu de considérations géométriques apparaisse également dans des calculs d'analyse.

On trouve par exemple cette formule :

La plus ancienne mention de π (on ne l'appelait pas encore comme ça) remonte aux tablettes babyloniennes (– 2000 avant J.-C.). On trouve comme valeur 3 + 1/8. Les mathématiciens étaient en effet « convaincus » que le rapport entre le périmètre et le diamètre du cercle était constant, mais les démonstrations ne sont apparues que plus tardivement (par Archimède).

Dans des textes indiens (les Indiens d'Inde étaient de fameux mathématiciens à l'époque où en Occident il ne se passait pas grand-chose de ce côté-là), par exemple dans le Shatapatha Brahmana, vers 700 avant J.-C., on trouve la valeur de 25/8 (3,125), et dans le Bardhãyana Sulbasutra, 900/289 (3,114...) et 1 156/361 (3,202...).

On trouve une approximation encore plus précise au début du VIe siècle après J.-C., par Aryabatha, 62 832/20 000 (3,1416).

Archimède, dans son traité de *La Mesure du cercle*, a donné une méthode efficace pour trouver une valeur approchée de π avec 5 décimales correctes 3,14185. Sa méthode peut marcher pour plus de décimales, mais cela dépassait les capacités humaines de calcul de l'époque.

Archimède, c'est ce fameux scientifique grec qui est sorti nu des bains publics et a couru partout dans la rue en criant « Eurêka ! » (j'ai trouvé !). Il avait en effet trouvé un moyen de savoir si la couronne de son roi (Hiéron II) était entièrement faite en or pur, sans détruire ladite couronne. (Le roi avait un doute sur son artisan.) Il s'agissait de ce qui est devenu plus tard la loi physique suivante : « Tout corps plongé dans l'eau déplace une certaine quantité d'eau proportionnellement à son volume, mais aussi à sa masse. » Donc en plongeant dans l'eau une quantité d'or de même poids que la couronne, le volume d'eau déplacé devra être le même que celui de la couronne, si elle est en or pur. Le résultat fut que non, et l'artisan a dû passer un sale quart d'heure.

Le mathématicien perse Al-Kashi a donné 14 décimales de π en 1420, 17 décimales en 1424.

Mais au fait, savez-vous que π est un nombre irrationnel, c'est-à-dire qu'il ne peut pas s'écrire comme rapport de deux nombres entiers ? Ce résultat a été prouvé dans les années 1760 par Johann Heinrich Lambert, mathématicien mulhousien (à cette époque Mulhouse est une cité indépendante). Il existe aujourd'hui plusieurs démonstrations de ce résultat, qu'on peut aborder en première année de post-bac.

Le fait que π soit irrationnel a pour conséquence qu'il n'y a pas de répétitions dans ses décimales. Il n'y a pas de logique. Donc la quête de toutes les décimales de π est infinie, comme ses décimales.

À l'heure où j'écris ces lignes, avec la possibilité de mener des calculs par ordinateur, le record des décimales de π est détenu depuis le 9 juin 2022 par Emma Haruka Iwao, informaticienne japonaise née en 1986, employée chez Google, il est de 100 mille milliards de décimales. Le travail a duré 157 jours, 23 heures, 31 minutes et 7,651 secondes. Si on voulait lire à voix haute, à raison d'un chiffre par seconde, ces 100 mille milliards de décimales, cela prendrait 3,1 millions d'années. Sachez que la dernière décimale de π connue à ce jour est 0 !

Pourquoi Google dépense-t-il autant de temps, d'énergie et d'argent pour cela ? Pour démontrer la puissance et l'évolution de son cloud. La formule utilisée est une des formules des frères Chudnowsky, deux mathématiciens ukrainiens vivant à New York depuis 1977 et qui ont, en gros, passé leur vie à travailler ensemble sur le nombre π.

Voici cette formule, trouvée en 1987 (Emma Haruka Iwao avait un an) :

$$\frac{1}{\pi}=12\sum_{n=0}^{+\infty}\frac{(-1)^n(6n)}{(3n)!(n!)^3}\frac{13591409+545140134n}{640320^{3n+3/2}}$$

Cette formule me fait penser à celle de Srinivasa Ramanujan, qui a également longtemps été utilisée pour calculer des décimales de π.

$$\frac{1}{\pi}=\frac{1}{9801}2\sqrt{2}\sum_{n=0}^{+\infty}\frac{(4n)!}{(n!)^4}\frac{1103+26390n}{396^{4n}}$$

La formule des frères Chudnowsky permet de gagner 14 décimales par étape, celle de Ramanujan seulement 8. Srinivasa, lui, avait

« trouvé » cette formule en 1910. Je mets « trouvé » entre guillemets, puisqu'il explique que ses formules lui étaient envoyées par la déesse Namagiri[21].

La formule de Ramanujan a été démontrée en 1987 par les frères Jonathan et Peter Borwein (marrant, encore deux frères qui travaillent ensemble sur π), deux mathématiciens canadiens.

Ce qui est surprenant et merveilleux avec le nombre π, c'est qu'il est tout proche de nous, très concret, c'est la longueur d'un cercle de rayon 1 ; et on le retrouve dans tous les domaines des mathématiques, à des endroits où la géométrie et les cercles sont complètement absents ! Par exemple, le nombre π intervient dans la définition de la fameuse courbe en cloche, chère aux statisticiens et probabilistes.

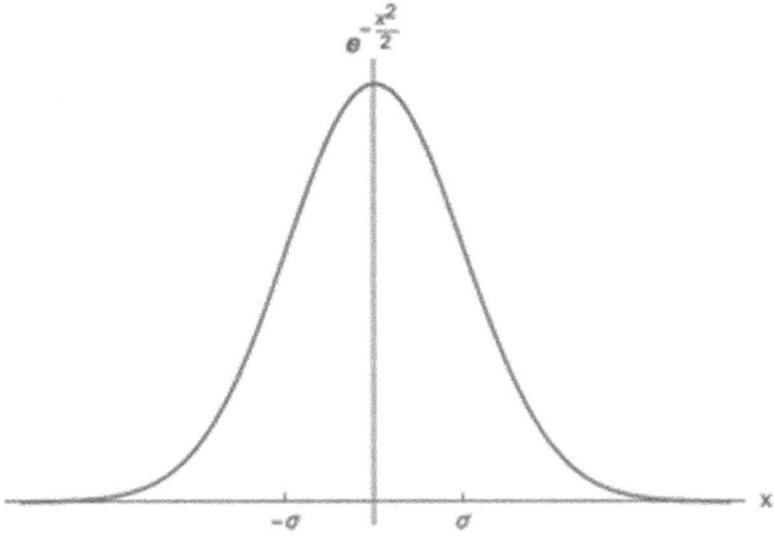

Il y a régulièrement des performances de récitation par cœur du plus grand nombre possible de décimales de π. Daniel Tammet,

21. Voir le chapitre suivant sur ce mathématicien.

poète, écrivain, a récité en cinq heures neuf minutes et vingt-quatre secondes 22 514 décimales de π, le 14 mars – évidemment – 2004 au musée de l'Histoire des sciences d'Oxford.

Le record validé à ce jour (2018) est de 70 030 décimales retenues et récitées. Ce record est détenu par l'Indien **Suresh Kumar Sharma** qui l'a réalisé le 21 octobre 2015, soit 30 décimales de mieux qu'un autre Indien, **Rajveer Meena** (un étudiant de 21 ans !) qui avait fait sa performance quelques mois plus tôt, le 21 mars 2015. 17 heures et 14 minutes ont été nécessaires à Suresh pour énumérer les 70 030 décimales, soit bien plus que les 9 heures et 27 minutes de Rajveer pour donner les 70 000 premières.

Ces Indiens ont ainsi battu le record précédent qui était détenu par le Chinois **Chao Lu** qui avait réalisé 67 890 décimales auparavant (il les avait récitées en un peu plus de 24 heures, soit moins d'un chiffre par seconde). Il expliquait alors connaître 100 000 décimales de π. Cependant, il se trompa lors de sa récitation au 67 891-ième chiffre en donnant un « 5 » en lieu et place d'un « 0 ». Alors que tout le reste était bon, cette erreur l'empêcha de détenir un record bien plus élevé et qui n'aurait certainement pas été battu aussi rapidement.

Dans la course au record, il y a également un psychiatre japonais de 72 ans (il avait 59 ans lors de la tentative) qui mériterait sa place en haut du podium, mais qui joue de malchance. Il a pulvérisé le record avec 83 431 décimales alignées par cœur (13 heures de récitation). En 2006, il récite publiquement 100 000 décimales pendant 16 heures et 30 minutes. Le travail de mémorisation de tous ces chiffres lui a pris une année entière. Malheureusement, les informations sur son exploit n'ont pas été jugées assez précises et sûres pour que son record soit reconnu.

Quand on commence avec π, vous l'aurez compris, c'est difficile de s'arrêter.

Voici les cent premières décimales de π :

π = 3.1415926535 8979323846 2643383279 5028841971 6939937510 5820974944 5923078164 0628620899 8628034825 3421170679

Pour en savoir plus sur π :

Jean-Paul Delahaye a édité chez Belin *Le fascinant nombre* π, excellent livre qui fait le tour de la question mathématique.

J'aime bien cette petite vidéo, qui explique clairement une méthode pour connaître les décimales de π : https://www.youtube.com/watch?v=B9NMxapgHtg, sur la méthode d'Al-Kashi.

Pour en savoir plus sur les records de mémorisation du nombre π : http://recordsdumonde.fr/record-de-memorisation-du-nombre-π/

Les 100 mille premières décimales de π : http://www.gecif.net/articles/mathematiques/pi/pi_decimales.html

Et l'incontournable site : http://www.π314.net/

Longtemps, j'ai rêvé de mathématiques.
Mais, depuis quelques années déjà, mes rêves étaient moins topologiques.
Mes nuits étaient plus dangereuses, bien que toujours énigmatiques.
Les aventures, les poursuites, les trajets interminables, les éboulements,
Les voitures qui se transforment en vélos d'enfants, les culs-de-sac inattendus
Étaient mon lot nocturne et quotidien.
Cette nuit bizarrement les mathématiques sont revenues au premier plan.
Je devais aider un jeune garçon à entrer clandestinement
Dans un pays des Balkans.
Pour cela, il lui fallait une matrice inversible, pour transformer X en Y, deux vecteurs quelconques
Mais non nuls.
Il possédait un schéma complexe gribouillé sur un papier chiffonné
Et nous avions très peu de temps.
Sur un coin de table, dans un café malpropre,
Je bricolais une solution expéditive mais élégante.
Mes affaires étaient éparpillées sur la table, au milieu des tasses et des assiettes sales,
Feutres, stylos, gomme, cahiers, livres et objets disparates.
Autour de nous, des gens en uniforme, indifférents en apparence,
Potentiellement menaçants.
Je lui donnais une matrice trois fois trois, composée de deux matrices de passage.
Nous sommes sortis précipitamment, laissant mes affaires en plan,
Hormis les quelques que j'avais pu emporter.
J'avais les bras chargés d'objets, qui tombaient pendant notre course.
Je restais en bas de l'escalier, le regardant s'enfuir
Priant pour son devenir.

LE RÊVE DE RAMANUJAN

Cela vous arrive-t-il de rêver de mathématiques ?

Srinivasa Ramanujan, non seulement il rêvait, mais en plus il se rappelait très bien ses rêves, et il les notait le matin au réveil.

Voici un de ses rêves :

$$1-5\times\left(\frac{1}{3}\right)^3+9\times\left(\frac{1\times3}{2\times4}\right)^3-13\times\left(\frac{1\times3\times5}{2\times4\times6}\right)^3+\ldots=\frac{2}{\pi}$$

Étonnant non ?

Voici ce qu'en dit Ramanujan :

> « *Pendant que j'étais endormi, j'ai fait une expérience inhabituelle. Il y avait un écran rouge formé de flots de sang. Je l'observais. Soudain, une main a commencé à écrire sur cet écran. J'étais très attentif. Cette main a écrit un grand nombre de formules concernant les intégrales elliptiques. Elles se sont gravées dans ma mémoire. Dès que je me suis réveillé, je les ai écrites*[22]. »

D'où viennent ses formules ? Il les attribue à la déesse Namagiri Thayar qui lui rend visite en rêve, et lui dicte les formules. Dans la

22. Source : *The man who knew infinity: a life of the Genius Ramanujan*, de Robert Kanigel.

réalité, cela doit être plus compliqué que ça, mais il y a une grande part d'intuition dans son travail.

Qui est donc cet homme ? Hors du commun, même chez les mathématiciens, je crois qu'il est le seul de son espèce.

C'est un Indien, de la caste Iyengar (brahmane), né en 1887 à Erode, au sud de l'Inde, et mort en 1920, à 33 ans.

Son père travaille comme comptable dans une entreprise d'étoffes. Srinivasa est passionné de mathématiques apparemment depuis qu'il est tout jeune, et cela semble être son seul centre d'intérêt.

En 1898 (il a onze ans), deux étudiants du Government College de Kumbakonam, un établissement d'enseignement supérieur, sont hébergés chez ses parents. Après leur avoir soutiré toutes leurs connaissances en mathématiques, il obtient d'eux le prêt de livres, en particulier *Plane Trigonometry*, de Sidney Luxton Loney. Dès l'âge de treize ans, il maîtrise les connaissances issues de ces livres, et redécouvre quelques théorèmes. À quatorze ans, il reçoit l'équivalent du baccalauréat français et une bourse universitaire.

À quinze ans, Ramanujan emprunte à la bibliothèque du Government College le *Synopsis of Pure Mathematics* de George Shoobridge Carr, contenant plusieurs milliers de résultats d'analyse et de géométrie, mais ne donnant que quelques indications sur leurs démonstrations, ce qui explique peut-être le style elliptique et non rigoureux de Ramanujan. Cependant, c'est ce livre qui fait entrer Ramanujan dans l'univers des mathématiques. À dix-sept ans, il étudie en profondeur les nombres de Bernoulli et calcule la constante d'Euler jusqu'à 15 décimales ; à cette époque, ses camarades affirment « ne le comprendre que rarement ».

La constante d'Euler c'est la limite de la suite $(1 + 1/2 + 1/3 + \ldots + 1/n - \mathrm{Ln}(n))$ quand n tend vers l'infini. C'est à peu près 0,5772156649… Ramanujan était un calculateur exceptionnel.

Ensuite il est admis dans un collège gouvernemental du Sud de l'Inde, mais il échoue parce qu'il ne s'intéresse qu'aux maths. Sa mère Komalatammal (qui veille pas mal sur lui, et semble croire en lui), le fait admettre au collège de Madras (Chennai), où il échoue encore, pour la même raison.

Sa façon de travailler : il utilise une ardoise comme brouillon et il note ses formules sur un carnet. Juste les formules, pas du tout les démonstrations.

Il a comme ça plusieurs carnets.

Sa mère le marie à 22 ans, ça se passe comme ça en Inde à l'époque, ça ne rigole pas non plus pour les hommes. Il vit d'expédients, il est plutôt pauvre. Sa famille n'est pas riche de toute façon. Il se balade toujours avec ses carnets, mais personne ne le comprend. Il passa d'ailleurs la plus grande partie de sa courte vie dans une solitude intellectuelle absolue.

En 1910, il arrive à s'entretenir avec R. Ramachandra Rao, le secrétaire de la Société mathématique indienne, et à obtenir sa confiance et une bourse. Il écrit un article dans la revue de la Société mathématique indienne. Il a 24 ans.

Après, chance ou destin, il trouve un emploi de comptable (c'est comme maintenant, quand on dit qu'on aime les mathématiques, ou qu'on sait faire des mathématiques, en général on vous fait faire les divisions pour l'addition au restaurant ou on vous propose d'être trésorier dans les associations. Toutes choses que pour ma part je déteste). C'est une chance parce que la société se fait racheter par les Anglais et que le nouveau président de la société est un ingénieur anglais et le directeur un mathématicien indien. Même s'ils ne comprennent pas ses formules, ils doivent se rendre compte de leur valeur, et ils le poussent à contacter des mathématiciens britanniques, en particulier Godfrey Harold Hardy.

Hardy, c'est un mathématicien de poids, à l'époque et toujours maintenant, bien qu'il soit mort. C'est un spécialiste de la théorie des nombres. Il a alors 36 ans et il enseigne au Trinity College à Cambridge.

Hardy reçoit une longue lettre de Ramanujan avec 200 formules, non démontrées. Au début, il croit à un canular, puis il se rend compte assez vite que ces formules « *doivent être vraies, car si elles n'étaient pas vraies, personne n'aurait assez d'imagination pour les inventer* » (sic).

Il le fait venir à Londres, ils bossent ensemble, avec un autre mathématicien, John Edensor Littlewood. Hardy dit que sa plus grande contribution aux mathématiques c'est d'avoir « découvert » et cru en Ramanujan.

Hardy avait un système personnel de notation des mathématiciens de 1 à 100. Ramanujan avait 100, Hilbert 80, Littlewood 30 et lui-même 25.

En 1940, il a écrit un essai, *L'apologie d'un mathématicien*, dans lequel il expose sa conviction que les mathématiques sont belles, comme de la peinture ou de la poésie. Surtout, il souhaite qu'elles ne servent à rien, en particulier pas à faire des armes ou des bombes. C'est un pacifiste convaincu.

Malheureusement, Ramanujan a de gros problèmes de santé, il rentre en Inde et meurt à 33 ans.

Une anecdote qui illustre bien les capacités de Ramanujan. Alors qu'Hardy allait le voir à l'hôpital, pour dire quelque chose d'un peu « léger » et changer les idées de Ramanujan, il lui dit qu'il a pris un taxi pour venir dont le numéro est un nombre sans intérêt particulier, 1729. (Le domaine de recherche d'Hardy était l'arithmétique, c'est-à-dire le travail sur les nombres entiers. Autant dire qu'il s'y connaît.) Ce à quoi Ramanujan lui rétorque, « si, ce nombre est le plus petit nombre qui se décompose de deux façons différentes en somme de cubes ». En effet

$$1729 = 1^3 + 12^3 = 9^3 + 10^3$$

Les nombres possédant cette propriété s'appellent les nombres de Ramanujan-Hardy (bien qu'Hardy n'y soit pas pour grand-chose...) ou les nombres « Taxicab », en référence à cette anecdote. Celui d'après est 4 014.

Hardy, en racontant cette anecdote ajouta : « il donnait l'impression que chacun des nombres entiers était un de ses amis personnels ».

Il a laissé plus de 3 900 formules dans trois cahiers, et en 1976, le mathématicien George Andrews trouve dans une boîte à effets personnels de George Neville Watson stockée à la bibliothèque Wren du Trinity College de Cambridge, 87 feuilles contenant plus de 600 formules ; cet ensemble est décrit comme le ***cahier perdu de Ramanujan*** (*Ramanujan's lost notebook*).

Aujourd'hui, on a démontré toutes ses formules, certaines très tardivement, vers les années 1990, et avec l'aide d'un ordinateur.

Voici par exemple :

$$\frac{e^{\frac{-2\pi}{5}}}{1+\frac{e^{-2\pi}}{1+\frac{e^{-4\pi}}{1+\frac{e^{-6\pi}}{1+\cdots}}}}=\sqrt{\varphi+2}-\varphi=\sqrt{\varphi\sqrt{5}}-\varphi$$

φ étant le nombre d'or, égal à $\frac{1+\sqrt{5}}{2}=1{,}618$[23].

Une des principales contributions de Ramanujan consiste en des formules permettant de calculer π. Ramanujan était fasciné par le nombre π.

Le mystère de Ramanujan reste entier. Comment se fait-il que certains êtres humains soient tellement en avance sur les autres que personne ne les comprend à leur époque ? Cette question se pose aussi dans l'art.

23. Le nombre d'or est « la divine proportion », on le retrouve partout dans l'art et dans la nature. Voir le chapitre « Fibonacci et le nombre d'or ».

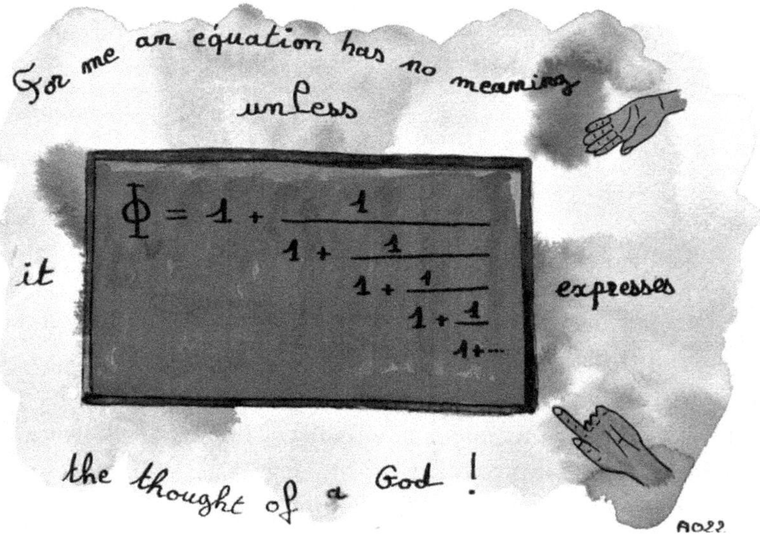

Ramanujan's dream

EMMANUEL ET LA MUSIQUE

Emmanuel a un air de baroudeur rêveur, aussi à l'aise dans les équations, la musique, le tango qu'il pratique avec passion que le chindaïdo, art martial énergétique interne non violent qu'il a enseigné pendant des années. Il est également excellent skieur et snowboardeur. Chaque fois qu'il s'intéresse à une discipline, il le fait à fond et passionnément. Ainsi, il a atteint un bon niveau en escalade et a pratiqué intensément le yoga pendant plus de quinze ans. Il joue très bien du piano, et il donne parfois des concerts, et des « concertférences », où il illustre des concepts mathématiques à l'aide de morceaux de piano (ou l'inverse ?).

Emmanuel est né en 1961, en Provence. Il a rencontré très tôt deux disciplines extraordinaires, la musique et les mathématiques. Les mathématiques à l'école primaire, où il a fait connaissance avec les nombres. Le piano à l'âge de huit ans.

Un souvenir de l'école primaire qui l'a marqué, c'est quand l'institutrice avait expliqué le rapport constant de la circonférence du cercle au diamètre. Elle a dit que ce nombre s'appelait « Pi » et valait 22/7. Elle a commencé à faire la division de 22 par 7 au tableau, et s'est arrêtée à 3,14. Or à l'époque, on n'avait pas de scrupules à faire des divisions longues en primaire. Il avait tiqué sur le fait qu'elle s'arrête là. Il avait en effet vu dans un livre les autres décimales de π, et il avait constaté qu'en continuant la division, les autres décimales de 22/7 n'étaient pas bonnes. (En effet $22/7=3{,}142857142\ldots$ $\pi=3{,}141592653\ldots$)

Au collège, il avait deux ans d'avance, donc les rapports avec ses condisciples n'étaient pas simples. Sur le plan mathématique, c'était le début de la réforme des mathématiques, les « maths modernes ». Les enseignants, qui dans cette génération étaient souvent des anciens instituteurs, promus en collège, se sont retrouvés confrontés à la théorie des ensembles, aux morphismes, à l'algèbre de Boole. Emmanuel, qui trouvait ça parfaitement naturel, transparent et limpide, en sixième, s'est souvent retrouvé à expliquer le cours et à donner les solutions des exercices alors que le professeur n'y arrivait pas. (Cela n'a pas arrangé ses relations avec les autres, professeurs et élèves.) C'est étonnant ce phénomène de la compréhension. Quand on comprend quelque chose, on le comprend, c'est limpide, c'est évident. On a du mal à réaliser que d'autres ne le comprennent pas. C'est en particulier une des difficultés de la pédagogie en mathématiques.

Il n'envisageait pas spécialement de faire une carrière scientifique. Mais à l'époque, les mathématiques étaient la discipline de l'excellence, et comme il était très bon en mathématiques, il était tout à fait naturel qu'il aille en classe préparatoire scientifique. Ce n'était pas vraiment un choix positif, il a suivi ce que le système proposait. Les mathématiques ça lui allait bien, parce que c'était facile pour lui.

Il a eu en revanche un choix vraiment douloureux à faire entre la musique et les mathématiques. Il est entré en classe préparatoire l'année où il devait préparer le prix de fin d'étude du conservatoire, ce qu'il n'a pas pu faire. Il le regrette encore aujourd'hui.

Il a ensuite intégré l'École Normale Supérieure de Saint-Cloud, a passé et obtenu l'agrégation. À l'époque, on était obligé de passer l'agrégation, on n'avait pas tellement le choix (ce qui n'est plus le cas pour les élèves des Écoles Normales Supérieures actuellement).

Le programme de l'agrégation est une espèce de réunion relativement cohérente de tous les programmes de licences possibles. Ça lui a donné un socle large de connaissances assez approfondies sur des tas de domaines des mathématiques. Cela a un côté un peu humaniste, au sens de la Renaissance de Pic de la Mirandole. C'est impossible à notre époque d'avoir une connaissance exhaustive de tous les domaines des mathématiques. Hilbert et Poincaré furent les deux derniers géants capables d'embrasser toutes les connaissances mathématiques de leur époque. Quand on prépare l'agrégation, on ne comprend pas tout, mais on comprend pas mal de choses sur à peu près toute l'étendue des mathématiques. Et ça, c'est très précieux pour pouvoir penser à appliquer une théorie à un problème qui se pose dans le champ d'une autre.

Après avoir obtenu l'agrégation, il s'est trouvé désemparé, parce qu'il s'est demandé ce qu'il allait faire. Ses études allaient bientôt se terminer, et il allait falloir qu'il arrête de faire la java et qu'il trouve un boulot. Il lui restait quand même une dernière année d'école, et la chose naturelle était de continuer des études de ce qu'on appelait 3e cycle à l'époque. Son sujet d'étude était « les groupes et algèbres de Lie ». Mais, il s'est aperçu au moment de passer les examens qu'il n'avait pas envie de faire une carrière comme ça, où il ferait une thèse en améliorant les hypothèses du « lemme de Machin », puis faire la même chose dans un laboratoire, suivre les directives du patron et signer en dernier un article qui se noierait dans la masse des publications. Il n'a carrément pas passé l'examen.

Mais c'est certainement un coup du destin, car il a découvert après qu'il y avait un enseignement à la faculté de Paris VIII qui s'intitulait « Algorithmique et structures musicales ». Cet enseignement était dispensé par un compositeur du nom d'André Riotte à qui il doit un changement de carrière et d'orientation. Les travaux d'André Riotte consistaient à faire une structuration algébrique de la connaissance musicale et il a découvert que c'était ça qu'il avait envie de faire. Emmanuel venait de trouver sa place dans ce monde.

Mais à l'époque, difficile de faire carrière dans ce domaine, il a dû partir au Maroc pendant 5 ans, en tant qu'enseignant de classe préparatoire, dans un lycée français.

En 1999, à l'IRCAM[24], un grand colloque fut organisé en l'honneur de son mentor, André Riotte, et il a rencontré des gens d'une autre génération, qui exploraient des champs nouveaux. Il est allé à un séminaire de recherche, le séminaire Diderot[25], où l'on discutait notamment de pavages de mosaïque d'un point de vue mathématique, géométrique et musical, un thème riche en conjectures. Il a publié son premier résultat notable, un théorème « mathémusical ». C'est là qu'avoir passé l'agrégation était précieux, il a pu utiliser des outils mathématiques complètement extraterrestres par rapport au problème posé. C'est à ce moment-là qu'avoir une large étendue de connaissances lui a été indispensable.

Le problème lui occupait l'esprit continuellement, jour et nuit, depuis des mois. En plein jour, il se baladait à côté de chez lui, sur la plage, entre Canet et Saint-Cyprien, une grande plage de sable fin avec les montagnes au fond, superbe. Il s'est arrêté de marcher et sa mâchoire est tombée sur le sable ! Eurêka, il avait trouvé ! C'est à la fois un « insight », et en même temps il y pensait continuellement.

Avoir les idées, savoir ce qu'il veut dire, ça va, mais rédiger des articles, il vit cela comme une contrainte. Emmanuel est un électron libre, il n'aime ni les contraintes, ni les règles, ce qui peut paraître paradoxal, parce qu'en mathématiques il y a plein de règles justement.

Mais pour lui, les règles, elles sont à l'intérieur. Comme dans une voiture, il y a des contraintes, des rouages qui doivent avoir une certaine taille pour que ça tourne, que ça ne casse pas. Mais on peut la conduire où on veut, l'amener dans des contrées imprévues.

Sa liberté, elle réside dans les domaines des mathématiques qu'il va explorer. Amener le problème sur un terrain qui ne semblerait

24. Institut de recherche et coordination acoustique/musique https://www.ircam.fr/lircam.

25. http://recherche.ircam.fr/equipes/repmus/diderot99/page.html.

pas pertinent mais qui en fait va donner la solution. C'est ce qui se passe dans la recherche de très haut niveau. On essaye de construire des ponts entre des domaines qui ont l'air parfaitement éloignés, et on se rend compte qu'en fait ils ne le sont pas. Et ça, c'est un grand mystère philosophique.

Pour lui, les mathématiques c'est déjà le simple fait de se poser des questions, de poser un regard, disons un regard analytique, ou un regard de géomètre au sens du XVIIe siècle, sur un problème ; c'est un peu une attitude philosophique. On se donne une perspective sur un problème, qui permet tout en s'en éloignant de mieux rentrer dedans. C'est très différent du fait d'être investi dans le problème, d'être empêtré dedans et de ne pas pouvoir en sortir. Ce qui est le cas en général quand on a un problème. Les mathématiques, c'est un regard.

Sa propriété préférée est le lemme de Yoneda[26]. Le lemme de Yoneda dit quelque chose sur la façon dont on peut regarder une théorie à partir d'une autre. Par exemple, on peut regarder des groupes algébriques simplement comme des ensembles. On va oublier la complexité, et on « descend » de la catégorie des groupes à celles des ensembles qui est quelque chose de beaucoup plus simple. Et on peut faire ça pour n'importe quelle catégorie, et redescendre à ras de terre et ne garder que le squelette. Le lemme de Yoneda dit que, si on fait ça de toutes les façons possibles et bien c'est équivalent à la connaissance complète de la catégorie de départ.

26. https://fr.wikipedia.org/wiki/Lemme_de_Yoneda

Une opération subtile
M'a renvoyée sans un signe
À l'état de spectre aquatique

HISTOIRE DU ZÉRO

RELATIONS COMPLEXES AVEC LE ZÉRO

Le zéro nous vient d'Inde. Ce sont en effet les mathématiciens indiens qui lui ont donné son statut d'objet mathématique, ayant des liens avec les autres nombres, vers le Xᵉ siècle après J.-C.[27]

Mais avant d'avoir son statut de nombre, il s'est passé bien des choses. Et encore maintenant, il n'est pas considéré comme un nombre tout à fait comme les autres.

On peut dire que zéro ne fait pas partie des « entiers naturels », au sens qu'il n'est pas préinscrit dans notre cerveau, comme peuvent l'être les nombres 1, 2, 3 (d'après les expériences faites par Stanislas Dehaene sur les bébés).

Zéro a longtemps posé un problème philosophique. Les nombres servent à compter des choses, sont reliés à des objets concrets. Mais zéro ? Que compte-t-il ? On peut remarquer que dans les livres pour enfants, on ne parle pas du zéro. À l'école, la comptine des nombres commence avec le nombre 1. On peut noter également qu'il n'y a pas d'année 0 dans le calendrier (on passe de l'année – 1 à l'année 1).

27. Le zéro était utilisé depuis longtemps dans la numération de position, en tout cas un symbole indiquant « l'absence, le vide ». Mais ce n'était pas un nombre à part entière.

Zéro, ça vous fait penser à quoi ? À des choses peu agréables en général. Une mauvaise note, un zéro de conduite, être un nul, un zéro. En effet, zéro c'est nul, c'est rien. Et pourtant c'est quelque chose ! Mais comment « rien » pourrait-il être « quelque chose » ? Remarquons qu'étymologiquement, « rien » vient de « *res* » (chose en latin). Trois fois rien, c'est déjà quelque chose, alors que trois fois zéro, c'est zéro.

Zéro c'est également vide. Et vide, cela veut dire que cela n'existe pas.

Un jour, une jeune fille que j'accompagnais, qui savait très bien résoudre les équations du premier degré, du style $2x=4$ (réponse 2), a buté sur $2x=0$. Elle connaissait la méthode, et savait l'appliquer, et pourtant elle disait qu'il n'y avait pas de solution. Parce que, en appliquant la méthode, elle trouvait $x=0$, et que zéro, ça ne peut pas être une solution, parce que zéro ce n'est rien. Donc il n'y a pas de solution. Logique. Elle n'était à cet égard pas si loin des mathématiciens de l'Antiquité grecque.

Le zéro est un nombre qui n'est ni positif, ni négatif, ou à la fois positif et négatif, suivant le sens qu'on accorde aux mots « positif, négatif ». (Strictement positif ou positif au sens large ?[28]) Pas simple !

PREMIÈRE APPARITION DU ZÉRO

Les Grecs ne pouvaient pas « penser » le zéro, car on ne pouvait ni nommer ni imaginer ce « qui n'existe pas ». Dans la pensée aristotélicienne, le vide et l'infini n'existent pas. On peut dire que le zéro faisait peur aux Grecs, même si les astronomes l'utilisaient dans leur calcul. C'était commode, mais hors de question d'en faire un objet mathématique, avec une existence propre.

Les Babyloniens (civilisation s'étendant de – 2000 à 100 environ) ont inventé un système efficace pour nommer et écrire les nombres, le système de position.

28. J'ai beaucoup de difficultés par exemple avec « interdit au moins de 12 ans ». À 12 ans, c'est bon ou pas ? Est-ce que c'est « strictement moins de 12 ans » ?

Dans un système de position, la place (position) du symbole (chiffre) dans l'écriture du nombre a un sens. Par exemple, 232 n'est pas le même nombre que 322, ou 223, pourtant ils contiennent les mêmes symboles.

On dit « deux cent vingt-trois », on écrit « 223 » (deux cents et deux dix et trois – on dit « deux cents », on devrait donc dire aussi « deux dix » à la place de « vingt »). Pour écrire le nombre « une centaine et trois unités », ils laissaient un espace (1 3), mais c'était trop ambigu (entre 1 3 et 13 par exemple). Ils ont donc imaginé (vers le IIIe siècle avant J.-C.) un symbole pour marquer l'absence : 103 c'est « une centaine, pas de dizaine et trois unités ». Le zéro servait à résoudre le problème de l'écriture des nombres, mais il n'était pas considéré comme un nombre. Au passage, les Babyloniens comptaient en base 60 et en base 10 et dans un mélange des deux.

L'APPORT DES MATHÉMATICIENS INDIENS

Il ne semble pas y avoir eu d'influence de la culture babylonienne sur la culture indienne, mais en tout cas, les Indiens ont eu une démarche analogue. Ils utilisaient un système de position, en base 10 et avaient un symbole pour marquer l'absence.

Dans les mathématiques védiques, issues des textes sacrés de l'hindouisme, transmis oralement puis écrits il y a 2 500 ans, il y avait des noms pour les puissances de 10 :

Dasa : 10

Sata : 100

Sahasra : 1 000

Ayuta : 10 000, etc.

Jusqu'à *Parâdha* : 1 000 000 000 000 (mille milliards)

Par exemple, le nombre 42 396 se dit : six et neuf *dasa* et trois *sata* et deux *sahasra* et quatre *ayuta*. (On commence par le plus petit, à droite.) Une fois qu'on est d'accord sur l'ordre, on n'a plus besoin de dire *dasa*, etc. C'est le principe de la numération de position, en base 10, que l'on utilise aujourd'hui et qui nous a été transmise par les

Indiens. Cela explique que l'astronomie indienne ait eu une certaine avance sur son temps, ils pouvaient imaginer et manipuler de très grands nombres.

Ils ont appelé le symbole pour marquer l'absence : *shunya.*

Le truc super fort qu'ont fait les Indiens, c'est de donner à ce symbole une valeur de nombre à part entière. Les Indiens, en particulier Brahmagupta (598-670), puis Sridhara (870-930), ont défini le **nombre** *shunya* comme étant $a - a$ (une fortune moins une dette) et décrit les relations de *shunya* avec les autres nombres.

- Une dette moins *shunya* est une dette.
- Une fortune moins *shunya* est une fortune.
- *Shunya* moins *shunya* égale *shunya.*
- Une dette retranchée de *shunya* est une fortune.
- Une fortune retranchée de *shunya* est une dette.
- Le produit de *shunya* par une fortune ou une dette est *shunya.*
- Le produit de *shunya* par *shunya* est *shunya.*

Ce qui en langage moderne donne, a étant un nombre entier supérieur ou égal à 1 :

- $(-a) - 0 = -a$
- $a - 0 = a$
- $0 - 0 = 0$
- $0 - (-a) = a$
- $0 - a = (-a)$
- $a \times 0 = 0$; $(-a) \times 0 = 0$
- $0 \times 0 = 0$

Les Indiens ont pu faire ce saut conceptuel parce que le vide et l'infini sont des concepts totalement intégrés dans la religion hindoue. Au XIIe siècle, le mathématicien indien Bhaskara a trouvé la relation entre le vide et l'infini, que l'on peut noter $\frac{1}{0} = \infty$, division qu'il faut entendre comme une limite. Ils savaient par ailleurs « qu'on ne peut pas diviser un nombre par zéro ».

ARRIVÉE DU ZÉRO EN OCCIDENT

Ensuite l'écriture des nombres s'est stabilisée, avec 9 symboles et le zéro. (Ils ont utilisé un rond pour *shunya*, qui représente la voûte céleste.) Grâce à son efficacité et à sa simplicité, cette méthode a été adoptée au Moyen-Orient, et de là, Fibonacci (en 1202), marchand italien, mathématicien pendant ses loisirs, dans son livre le *Liber abaci*, l'a introduite en Occident. En effet Fibonacci voyageait beaucoup, en particulier au Moyen-Orient. C'est pour ça qu'on dit « les chiffres arabes », mais en fait ce sont les « chiffres indiens ». Fibonacci explique qu'avec les 9 symboles et le zéro, on peut écrire n'importe quel nombre. Et ça, c'est énorme[29].

L'introduction du zéro et des chiffres « arabes » a été compliquée en Occident, car à l'époque, c'étaient les croisades, et tout ce qui venait de l'islam était mal vu. De plus, les manieurs de bouliers se sont sentis menacés. Certains ont vu dans cette nouvelle arithmétique l'œuvre du diable. En 1299 à Florence, les chiffres arabes ont été interdits, sous prétexte qu'ils étaient plus aisément falsifiables que les chiffres romains. Il a fallu attendre la fin du XVe siècle pour que les chiffres romains cèdent la place.

Quand l'utilisation des chiffres indo-arabes s'est généralisée, l'arithmétique a trouvé sa place parmi les mathématiques (avant c'était une histoire de boutiquiers) et a ouvert la porte à la révolution scientifique.

Comme quoi, une bonne façon de noter et nommer les choses permet de faire faire des bonds à la pensée. Cela vaut pour le vocabulaire et les structures grammaticales, et aussi pour le vocabulaire et les structures mathématiques. Sur bien des aspects, on peut d'ailleurs considérer que les mathématiques sont un langage.

29. Voir le chapitre « Fibonacci et le nombre d'or ».

Pour aller plus loin :

https://www.math93.com/index.php/histoire-des-maths/histoire-des-nombres/les-nombres-remarquables/157-le-zero

https://www.maths-et-tiques.fr/index.php/histoire-des-maths/nombres/zero, avec en particulier une bonne bibliographie :

https://www.maths-et-tiques.fr/index.php/sites/bibliographie

Voir aussi le livre d'Antoine Houlou-Garcia, *Il était une fois le zéro*, aux éditions Leduc.

Au hasard

Un univers
Aux milliards d'issues
Possibles ou favorables,
Mais toujours discrètes.

Répartition aléatoire d'événements,
Quelques-uns quasi certains,
Suivant des lois
À densité variable.

Espérance parfois infinie,
D'avoir la chance de vivre des moments d'ordre un ou deux,
Voire plus en cas de convergence
Certitude de finir entre zéro et un.

ILS DÉTESTENT LES MATHÉMATIQUES !

Pourquoi déteste-t-on les mathématiques ? De manière générale pourquoi des réactions aussi marquées avec les mathématiques ? C'est plutôt rare que quelqu'un ait une réaction violente quand on lui parle de l'histoire, de l'anglais ou de la littérature. Avec les mathématiques, on ne fait pas dans la demi-mesure. J'ai voulu comprendre et je vous propose des témoignages de personnes qui ont répondu à mon appel « recherche personnes détestant les maths ».

Un premier constat, le problème ne vient pas des mathématiques… mais des personnes et ce qu'ont représenté les mathématiques à un moment donné dans la vie des personnes interviewées.

La rencontre a parfois été violente, au sens propre. Cette rencontre ratée a fermé les personnes une fois pour toutes au monde des mathématiques. Plus tard, les blessures apaisées, le regret arrive, mais rarement la volonté de se réconcilier avec les mathématiques, de vouloir comprendre des choses qui nous ont échappé. Mais déjà l'envie de ne pas transmettre son aversion à ses enfants.

VÉRONIQUE

Véronique a une petite soixantaine d'années, c'est une chef d'entreprise engagée et dynamique. Son métier consiste à former les professionnels à une approche centrée sur la personne pour accompagner les personnes vieillissantes avec des difficultés cognitives, en utilisant aussi l'approche Montessori. Elle travaille avec des chercheurs, afin de mesurer l'impact de cette approche.

Quand elle me parle de mathématiques, elle m'avoue avoir un grand sentiment de frustration. Elle dit elle-même que ce n'est pas qu'elle n'aime pas les mathématiques, mais que quelqu'un l'a dégoûtée des mathématiques.

Elle regrette aussi qu'on ne lui ait jamais dit pendant sa scolarité à quoi servaient les mathématiques et comment les utiliser. Le français, les langues étrangères, il est évident que cela va servir à communiquer. La géographie permet de prendre connaissance du monde. La poésie permet d'exprimer ses sentiments.

On lui demandait d'apprendre par cœur les tables de multiplication, mais pour quoi faire ?

De façon « innée », elle était touchée par le fait de communiquer, de pouvoir mieux s'exprimer. Mais les chiffres ne la touchaient pas, toujours pas d'ailleurs. Elle ne pouvait pas « jouer » avec. Alors que les mots, si. Elle pouvait les réutiliser, créer, exprimer des choses. Elle avait du plaisir à prononcer certains mots, qui « étaient beaux en bouche ».

On aurait pu par exemple lui expliquer que les chiffres pourraient l'aider en cuisine, « pour pouvoir calculer la quantité de lait dont tu vas avoir besoin pour faire des crêpes ».

Le théorème de Pythagore, elle ne comprend pas du tout ce qu'il y a derrière !

Elle était dans une école tenue par des religieuses. La mère supérieure était également la professeure de mathématiques. Un jour, alors que la petite Véronique avait levé le doigt pour dire « je ne comprends pas », la mère supérieure s'est approchée d'elle, l'a attrapée par les cheveux et l'a amenée devant le tableau, lui a collé le nez dessus et lui a demandé « et là, tu comprends ?????? ».

Ce qu'on comprend bien, c'est que les mathématiques ça a été fini pour Véronique. Et tout ce qui, de près ou de loin ressemblait aux mathématiques (sciences physiques, chimie, etc.)

Elle vit actuellement à Gif-sur-Yvette, c'est une ville proche de l'université d'Orsay et du plateau de Saclay, elle a l'occasion de rencontrer beaucoup de scientifiques. Ces gens l'impressionnent, mais elle reste extérieure. Quand elle voit des formules, elle se dit immédiatement, « ce n'est pas pour moi ». Quelque chose en elle se fige.

Elle est tout à fait insensible à la poésie des mathématiques. Pourtant, quand elle voit à l'école Montessori des enfants jouer avec les chiffres, les formes géométriques, elle se dit que tout être humain est capable de les appréhender. Elle regrette. Elle aurait eu envie de comprendre.

Les tableaux abstraits, dans lesquels il y a des formes géométriques, ne la mettent pas dans cet état de sidération, mais ils ne la touchent pas.

Elle s'est fermée aux mathématiques pendant 60 ans, alors – dit-elle – ce n'est pas maintenant que ça va changer. Elle n'écoute même pas quand un ami essaie de lui expliquer.

Quand Véronique rencontre des gens qui disent « je ne suis pas matheux », elle leur demande si quelqu'un les a heurtés, et c'est très souvent le cas, en plus du manque de sens, du manque de pratique, du manque de manipulation.

Elle reconnaît que sa rencontre ratée avec les mathématiques lui a fermé des portes. Par exemple être capable de faire des mélanges d'huiles essentielles en respectant les proportions.

Pendant la pandémie de Covid-19, il y a des choses qu'elle ne pouvait pas comprendre. Elle n'a pas cherché d'informations parce qu'il y avait des chiffres partout.

Dans son métier de chef d'entreprise, elle est beaucoup en relation avec des chercheurs, qui font des statistiques. Ils lui font une synthèse, mais elle ne va jamais voir ce qu'il y a derrière. De même avec son comptable. Elle lui fait confiance. Elle doit avoir sacrément confiance dans les personnes qui l'entourent !

Elle est la première à dire qu'il faut mettre les mathématiques au cœur de l'enseignement des enfants, sinon, ils peuvent se faire manipuler. C'est très important de faire aimer les mathématiques, parce que c'est la vie ! Et Véronique, elle regrette d'être passée à côté de ça.

ÉTIENNE

Étienne a une quarantaine d'années, il est père de trois enfants dont un déjà scolarisé au collège. Il redoute un peu le moment où il devra dire à son fils : « Là je ne sais pas, je ne peux pas t'aider en maths. » En effet, il a eu une expérience traumatisante avec les mathématiques, à l'âge de 14 ans. C'était lors de la démonstration et l'utilisation de :

$(a+b)^2 = a^2 + 2ab + b^2$. Quand il entend « identité remarquable », il en tremble encore aujourd'hui.

« Je n'arrivais pas à rentrer dans la logique du truc », dit-il. « C'était une vraie frustration. » Puis la professeure s'est mise en colère contre lui, le frappant et le mettant plus bas que terre. Évidemment, il a perdu toute confiance en lui. Cela a créé un ancrage douloureux.

Elle écrivait une équation au tableau et leur donnait dix minutes pour la résoudre. Étienne était tétanisé. Elle passait dans les rangs et elle le frappait à la tête parce qu'il n'y arrivait pas. Chaque fois qu'il passait au tableau, il avait l'impression d'aller au peloton d'exécution.

Qu'est-ce que cet épisode a eu comme conséquences dans sa vie ? Il s'est recroquevillé sur lui-même, il a concentré son énergie vitale ; cela l'a obligé à développer son intériorité, à se poser des questions. Puis il a eu une prise de conscience positive. Une révolte.

Pendant longtemps, il ne supportait pas qu'on lui touche la tête. Il s'est battu avec un ami de son grand frère qui lui avait donné une petite tape « amicale » sur la tête.

Il est resté bloqué avec les mathématiques, frustré. Il a choisi d'aller en première STT parce que c'était la filière où il y avait le moins de maths, pas de comptabilité.

En revanche, pour les calculs quotidiens, ça va. Les pourcentages, les proportions, il assure. C'est plutôt pour tout ce qui va toucher à la finance pure, aux placements, etc. Il se méfie.

Mais ça ne l'empêche pas de vivre. Il n'est pas dans le regret. Il s'est pacifié avec ce qu'il a vécu à ce moment-là. Personne ne l'a protégé quand il s'est fait harceler à 14 ans par cette professeure. Dont acte. La vie continue.

CARI

Cari est née en 1970, en région parisienne. Elle n'aime pas les mathématiques, mais aujourd'hui elle aimerait bien aimer !

À l'école primaire, elle ne comprenait rien. Son instituteur lui donnait des claques et jetait ses cahiers par la fenêtre. En effet, cela l'énervait qu'elle ne comprenne pas et c'est comme cela qu'il l'exprimait…

En classe de cinquième, elle a eu une professeure avec qui cela se passait mal, elle tirait les oreilles et les cheveux des élèves qui ne réussissaient pas. Elle humiliait Cari au tableau, et elle passait souvent au tableau ! Alors là, Cari a vraiment pris les mathématiques en grippe. Elle a décroché.

En classe de quatrième, ses parents lui ont fait prendre des cours particuliers. Elle n'avait pas les bases. On lui répétait la même chose qu'en cours et elle n'y arrivait pas plus. C'était un budget pour ses parents, alors elle ne pouvait pas faire les activités extrascolaires qu'elle aimait, la danse en particulier. Double peine, plus la culpabilité de ne pas répondre aux attentes. Elle vivait à Versailles, elle allait prendre les cours chez un couple qui donnait des cours particuliers, la femme de piano, l'homme de mathématiques. Ce sont des souvenirs épouvantables.

Pourtant, au fond, elle adore les mathématiques ! Mais elle ne sait pas en faire. Elle serait heureuse de pouvoir résoudre une équation.

En classe de seconde, elle avait vraiment envie de réussir, ça lui plaisait. À chaque interrogation, elle croyait avoir réussi, pourtant elle avait 2. Bref, les mathématiques n'ont pas voulu d'elle.

Le fait d'être « mauvaise en maths » lui a posé beaucoup de problèmes. Tout d'abord des problèmes d'orientation. La sélection se faisant sur les mathématiques, ça lui a porté préjudice. Et en plus, en filière littéraire il y avait quand même des mathématiques ! Jusqu'au bout ça a été compliqué.

Il y a 15 ans, pour son travail elle a dû faire une formation où il y avait beaucoup de chiffres. Ça lui faisait très peur, elle s'en était fait une montagne.

Aujourd'hui, si elle est seule, elle se débrouille avec les chiffres. Mais elle est en difficulté dès qu'elle est sous le regard d'une autre personne.

Cari est une gauchère contrariée. Elle était obligée de « prendre sa belle main » pour écrire. Elle n'a pas de pied d'appel non plus. Comme si tout avait été contrarié chez elle. Elle fait un lien avec sa façon de raisonner.

En tant qu'adulte, elle a été incapable d'aider ses filles en mathématiques, et elle s'est sentie dégradée. Cela a été difficile à vivre.

Elle voit les mathématiques comme une entité vivante. Elle a envie de leur dire : « Désolée, on a loupé notre rencontre. »

LAURA

Laura est une Toulousaine de 35 ans, fâchée avec les mathématiques. Elle a eu un rapport compliqué aux mathématiques à partir de la classe de quatrième. À l'école primaire, ça marchait bien. En sixième et cinquième, elle a eu un professeur mou, pas pédagogue, ennuyeux. En quatrième, le professeur était plus intéressant, mais elle a quand même décroché. Ce qui est assez curieux dans son cas, c'est qu'elle s'est autopersuadée qu'elle était mauvaise en mathématiques, que ce n'était pas pour elle. Elle ne comprenait pas par exemple pourquoi on mélangeait les chiffres et les lettres en mathématiques ! On lui disait : « Ne réfléchis pas, c'est comme ça. $2 \times x$, on l'écrit $2x$, c'est comme ça et pas autrement. » Elle se posait beaucoup de questions et voulait comprendre. Elle s'est convaincue qu'elle n'avait pas la bonne façon de penser en mathématiques. Bien sûr elle a eu des mauvaises notes et elle a perdu confiance en elle.

Elle a un manque de confiance général dans la vie, en elle, sur plusieurs aspects. Elle a besoin d'aide. Elle se dit incapable de faire quelque chose de bien toute seule.

Aujourd'hui, elle travaille sur des tableaux Excel, elle manipule de gros budgets. Mais c'est douloureux.

Elle s'est souvent autocensurée pour postuler s'il fallait gérer des budgets. Elle ne répondait pas aux offres par manque de confiance.

Néanmoins, elle a envie « de s'y coller ». Elle pense qu'elle peut se faire avoir sinon.

Ce qu'elle regrette c'est de ne pas avoir eu des professeurs qui donnaient du sens aux études, au-delà des mathématiques.

Ce qui l'intéresse, c'est la musique afin de démocratiser la musique aux publics empêchés, et les questions environnementales pour agir sur ces enjeux primordiaux. Elle fait de la gestion de projet, veut monter une structure associative pour mettre en œuvre ses idées, et pourquoi pas en être la trésorière.

Alors les mathématiques, il va falloir qu'elle s'y mette ! Elle en a envie et elle sait, aujourd'hui, qu'elle en est capable.

***

Dans les trois premières histoires, on retrouve un événement traumatisant qui a empêché l'accès aux mathématiques, et un gros manque de sens. Dans la quatrième histoire, sans qu'il y ait d'événement aussi traumatisant, on voit que le manque de sens est prégnant, ainsi que le refus de prendre en considération les questions que se pose l'élève, et de leur donner une réponse satisfaisante. C'est un comble parce que faire des mathématiques, c'est avant tout se poser des questions. Ce qui est touchant à chaque fois, ce sont les regrets exprimés, le sentiment d'un rendez-vous raté, d'être passé à côté de quelque chose.

Même si je suis persuadée qu'on peut se réconcilier avec les mathématiques à tout âge, cela demande un investissement qu'il n'est pas toujours simple de faire à l'âge adulte.

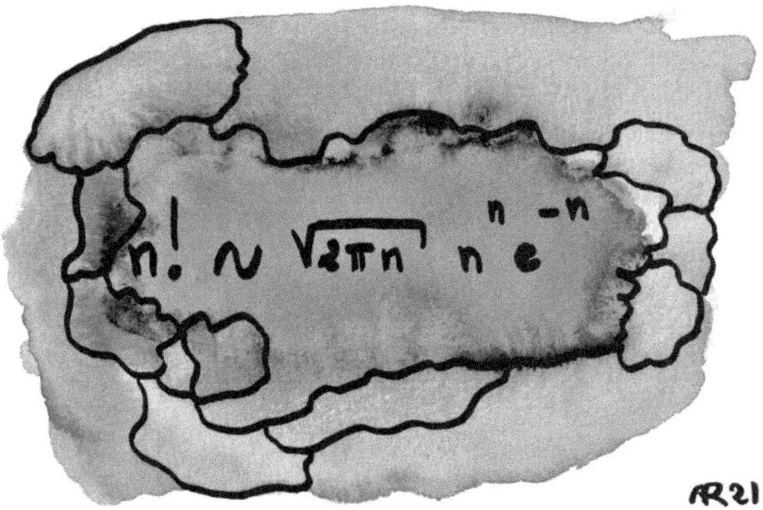
$n! \sim \sqrt{2\pi n}\, n^n e^{-n}$
AR21

TRAHISONS MATHÉMATIQUES

Quand j'étais en classe de sixième, je me suis sentie « trahie par les mathématiques ». Ou plutôt par ma professeure de mathématiques. J'ai un souvenir très clair du premier exercice qu'elle nous avait donné à faire à la maison. Il s'agissait de dire quand est-ce que les aiguilles d'une montre sont parfaitement alignées.

J'ai été extrêmement déroutée par cet exercice. Je ne pouvais pas imaginer qu'il s'agissait simplement de tourner les aiguilles de la montre et de lire l'heure que cela donnait. Pour moi ce n'étaient pas des maths ça ! C'était presque injurieux de nous demander de faire un truc aussi stupide et simpliste. J'ai donc immédiatement écarté cette hypothèse. Après je me suis dit qu'il fallait faire un calcul en prenant en compte la vitesse de rotation respective des aiguilles, écrire les équations de leur mouvement, prendre l'angle en paramètre… bref, ça me paraissait carrément infaisable. Finalement, comme je trouvais qu'en mathématiques il y avait une certaine symétrie, une certaine beauté aussi, j'ai donné la réponse suivante :

- 12 h 00
- 1 h 05
- 2 h 10
- 3 h 15

- 4 h 20
- 5 h 25
- 6 h 30
- 7 h 35
- 8 h 40
- 9 h 45
- 10 h 50
- 11 h 55

Je savais bien que c'était faux « dans la vraie vie », mais je trouvais que dans le monde mathématique c'était stylé, donc pourquoi pas. Et puis j'avais « fait » quelque chose, apporté une vision. Évidemment, vous vous en doutez, la professeure m'a dit que c'était faux et qu'en fait il fallait simplement tourner les aiguilles et observer. Je me suis sentie humiliée ! J'étais furieuse. Je trouvais que c'était honteux d'appeler ça « un exercice de maths ».

Un jour, j'ai rencontré une femme, appelons-la Danielle (je ne me souviens plus de son vrai nom). C'était dans un groupe de coaching, donc rien à voir avec les mathématiques. Bien entendu, comme dans ce genre de groupe, chacun se présente et raconte son parcours professionnel, j'ai dit que j'avais été professeure de mathématiques.

Elle a eu une violente réaction, dont j'ai fait les frais, même si évidemment, il ne fallait pas le prendre personnellement. Elle était très en colère, parce qu'elle considérait qu'on s'était moqué d'elle avec cette histoire de nombres complexes ! (Elle avait été en terminale C). En effet, me dit-elle, on te rabâche chaque année « qu'un carré est toujours positif », et puis là, voilà un nombre dont le carré vaut – 1.

Elle considérait cela comme une trahison mathématique. À partir de là, elle s'est désintéressée de cette discipline, qui trompe et ment.

Je connais également d'autres personnes qui ont eu la même réaction, face au « scandale » des nombres complexes.

Je trouvais cela regrettable et amusant. En effet, changer d'habitude, changer son point de vue, ce n'est pas si simple.

Mais je me croyais exemptée de ce genre de réaction, par ma formation justement.

Or, il y a quelques années, je tombe sur une vidéo de Mickaël Launay[30], dans laquelle il explique que $1+2+3+\cdots.. = -1/12$!

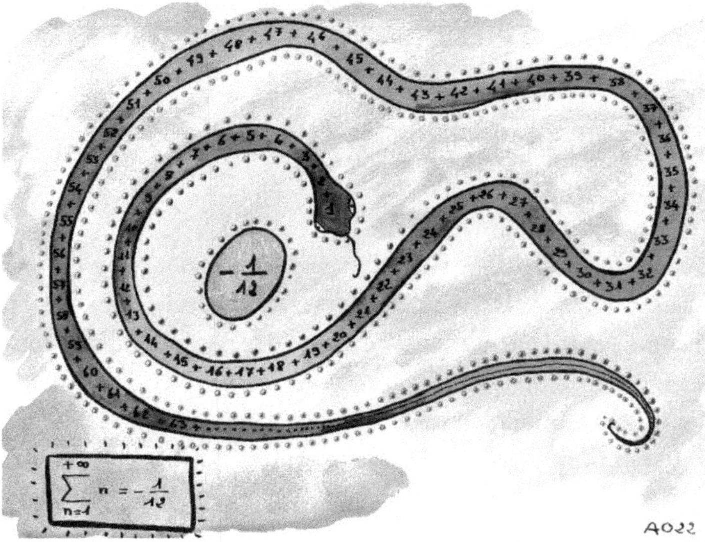

Qu'une somme infinie ait une valeur finie, cela ne me pose pas de problème. C'est un gros morceau de l'enseignement que je dispensais à l'époque, les séries. Quand une somme infinie a une valeur finie, on dit que la série converge.

C'est ce qui est à l'œuvre dans les paradoxes de Zénon.

Zénon d'Élée (Ve siècle avant J.-C.) est un philosophe grec, célèbre pour ses paradoxes. Il voulait montrer que l'évidence des sens est trompeuse, et que le mouvement est impossible. Ce qui est intéressant avec ses paradoxes, ce sont les différentes façons de les réfuter. Les mathématiques ont apporté une réponse bien plus tard, au XVIIe siècle, avec la notion de limite.

30. Je vous recommande sa chaîne YouTube Micmaths, et ses livres, ce qu'il raconte est toujours passionnant.

Voici un de ces paradoxes.

C'est le paradoxe de la pierre lancée vers un arbre. Zénon se tient à huit mètres d'un arbre, tenant une pierre. Il lance sa pierre dans la direction de l'arbre. Avant que le caillou puisse atteindre l'arbre, il doit traverser la première moitié des huit mètres. Ensuite, il lui reste encore quatre mètres à parcourir, dont elle accomplit d'abord la moitié, deux mètres. Puis la pierre avance d'un mètre de plus, progresse après d'un demi-mètre et encore d'un quart, et ainsi de suite avec une infinité d'étapes. Zénon en conclut que la pierre ne pourra frapper l'arbre, car elle ne pourra tout simplement pas parcourir la somme de toutes ces distances.

Le paradoxe tient dans le fait que, bien évidemment, la pierre atteint l'arbre (Zénon vise correctement), alors comment est-ce possible ? Ce que Zénon avance en substance, c'est qu'une somme infinie donne forcément un résultat infini. Et cela, les maths le contredisent, en introduisant la notion de limite.

Ici la somme que nous devons faire est :

$\frac{8}{2}+\frac{8}{2^2}+\frac{8}{2^3}+\cdots+\frac{8}{2^n}+$, ce qui vaut en fait 8 (en calculant les sommes pour des valeurs de plus en plus grandes de n, on tombe sur 8).

Un des points importants du cours que j'enseignais en classe préparatoire, et ce à quoi je m'escrimais avec mes élèves, c'était de bien attirer leur attention sur les cas dans lesquels une somme infinie est possible et les cas dans lesquels elle est impossible. Et clairement, c'est même « trivial » comme aiment à dire les professeurs de mathématiques, non sans un certain mépris, $1+2+3+\ldots$ ne converge pas, et encore moins vers un nombre négatif !

J'ai regardé la vidéo de Mickaël Launay dans un état d'énervement, répétant toutes les 10 secondes : « Non mais c'est n'importe quoi ! »

Et récemment, je me suis rendu compte que j'avais fait preuve d'une grande fermeture d'esprit, comparable à celle de Danielle devant $i^2=-1$!

Car en fait, dans le premier cas, quand il s'agit des nombres complexes, on sort du cadre de référence « positif-négatif ». La phrase même « – 1 est négatif » n'a pas de sens dans ce nouvel ensemble.

Dans le cas de la somme $1+2+\cdots$, la notion de convergence est différente de celle que je connaissais, on « sort du cadre », et dans ce nouveau cadre, lui donner la valeur – 1/12 est tout à fait cohérent, c'est même la seule valeur possible.

D'ailleurs Ramanujan[31] lui-même s'est intéressé à cette formule.

En fait, il s'agit d'une addition qui généralise la notion d'addition connue dans « la vraie vie ».

Cette prise de conscience de ma fermeture d'esprit parfois m'a rendue humble.

En fait, et c'est souvent une erreur dans les situations de la vie courante, les phrases n'ont de sens que dans leur contexte, et oublier le contexte conduit à de graves incompréhensions[32].

Ce qui est incroyable dans cette « théorie farfelue », c'est qu'en 1948, un physicien néerlandais, Hendrik Casimir, s'est intéressé à la force attractive entre deux plaques parallèles conductrices et non chargées, dans le cadre de la mécanique quantique. Il élabore une théorie, fait des calculs et tombe sur cette somme, $1+2+3+\ldots$ Au lieu de se dire qu'il s'est trompé, que c'est impossible, que sa théorie est bonne à mettre à la poubelle, il remplace cette fameuse somme par – 1/12, continue ses calculs et aboutit à des résultats théoriques. Or ses résultats théoriques ont été validés par des expériences, ce qui prouve que sa théorie est juste. C'est ce qu'on appelle « l'effet Casimir ».

Et ça quand même, je trouve que c'est incroyable. C'est « la redoutable efficacité des mathématiques », dont parle Eugène Wigner (physicien hongrois, 1902-1995).

---

31. Voir le chapitre « Le rêve de Ramanujan ».
32. Plus de détail sur les nombres complexes dans le chapitre « Des nombres plus complexes ».

Pour aller plus loin :
Paradoxes de Zénon :
https://fr.wikipedia.org/wiki/Paradoxes_de_Z%C3%A9non
Somme des entiers Micmaths :
https://www.youtube.com/watch?v=xqTWRtNDO3U

Cette paire de voiles blanches
Dérive au loin
Projection de mon impuissance

LES MATHS ET LES JEUX VIDÉO, LES DEUX FACES D'UN MÊME UNIVERS ?[33]

J'ai longtemps eu des idées reçues sur les jeux vidéo. Pour moi, les jeux vidéo, c'était :

• Abrutissant. Il s'agit de dégommer le plus rapidement possible un maximum de personnes (ou de bonbons, c'est plus mignon, mais tout aussi débile).

• C'est addictif, on se met en mode hypnotique et on ne fait plus que ça.

• On se désocialise.

• C'est immoral (je pense à GTA par exemple).

• C'est pour les geeks.

Je comprenais qu'on puisse y jouer (ça m'est arrivé de passer du temps sur Candy Crush), après tout, parfois ça permet de se vider la tête, mais je ne pensais absolument pas que cela pouvait contribuer à « élever » l'individu, ni qu'il y avait une quelconque approche artistique.

Enfin pas tout à fait quand même, j'exagère un peu. Par exemple j'avais vu mes enfants jouer à Assassin's Creed et j'avais trouvé les

33. Ce texte est inspiré par un article que j'ai co-écrit avec Céline Nicolini, paru dans son blog, https://journaldunegameuse.fr/

graphismes très beaux. Bon, mais le héros c'est quand même un assassin…

Puis j'ai rencontré Céline. Elle m'a dit que pour elle, les jeux vidéo c'était « l'art total », j'ai été bluffée. Elle m'a dit que cela l'avait énormément aidée à traverser des moments difficiles de sa vie. Cela aussi m'a beaucoup étonnée.

Céline, en plus d'être une « gameuse » de haut niveau, est coach en développement personnel. Elle accompagne des personnes hypersensibles, en utilisant – ou pas – les jeux vidéo, elle accompagne aussi les jeunes ayant un comportement problématique avec les jeux vidéo, ou les parents, démunis face à leurs adolescents[34].

Pour moi l'art total, c'était l'Opéra. Et quand on allait mal, passer sa journée à dégommer des gens sur un écran n'allait pas arranger les choses, au contraire.

Mais comme je suis curieuse, je l'ai écoutée et j'ai découvert tout un monde. Je peux dire que Céline m'a totalement fait changer d'avis sur les jeux vidéo et m'a ouvert l'esprit.

Céline est donc une « gameuse ». Elle aussi avait des idées reçues sur les mathématiques. Elle fait partie de ces nombreuses personnes qui se disent « nulles en maths », et qui pensent « qu'elles ne sont pas faites pour les mathématiques ». Nous avons discuté sur nos centres d'intérêt respectifs, et nous avons remarqué que finalement, il y a pas mal de points communs entre les mathématiques et les jeux vidéo.

Déjà, pour faire des mathématiques ou pour jouer à des jeux vidéo, il faut accepter de rentrer dans un univers, avec un langage spécifique, des personnages et des règles. Dans le domaine du jeu vidéo, il y a parfois des joueurs qui ne respectent pas les règles, des « cheaters », et ce n'est pas bien vu.

Quand les joueurs découvrent un jeu vidéo, ils vont poser des questions pour comprendre, pour apprendre à d'autres joueurs. Ils vont se renseigner sur les définitions de certains termes.

34. https://www.linkedin.com/in/célinenicolini/ ou instagram @celine_coach

Dans l'univers des mathématiques et dans l'univers des jeux vidéo, on trouve :

• des objets, qui se manipulent de façon précise ;

• un langage particulier (vocabulaire, syntaxe) ;

• des enjeux (la vérité, trouver des solutions, convaincre par des arguments – pas par la force) ;

• des niveaux à franchir, dans un certain ordre ;

• des préoccupations particulières, des questions spécifiques, des règles à utiliser ;

• des super-pouvoirs à développer ;

• des choses à apprendre, des explications à donner ;

• des monstres et des héros ;

• des guides ;

• des défis à relever et des énigmes à résoudre.

Par exemple, dans l'univers des mathématiques, on trouve des « espaces vectoriels ». Qu'est-ce qu'il y a dans un espace vectoriel ?

Les habitants de cet espace s'appellent des vecteurs. Ils interagissent entre eux en se combinant, d'une façon dite « linéaire ». Il y a des éléments particuliers, le vecteur nul, seul de son espèce, mais indispensable (il peut être le seul habitant de son espace), il y a des vecteurs qui servent à engendrer tous les autres, les vecteurs de « base », mais on peut changer de base. (Il y a une forme de démocratie.) Des espaces vectoriels peuvent cohabiter ; pour aller d'un espace à l'autre, on utilise des applications linéaires. Certains vecteurs transportés par l'application linéaire se retrouvent dans une partie de l'espace d'arrivée « nulle » (l'espace nul) et ces vecteurs jouent un rôle très important. Il y a parfois certaines parties de l'espace d'arrivée qui ne sont jamais atteintes par l'application linéaire. Un des enjeux est de déterminer ces deux ensembles, celui des vecteurs qui se retrouvent dans l'espace nul, et la partie atteinte (l'espace image). Pour déterminer tout cela, on utilise souvent des systèmes…

Un autre exemple d'univers est celui de la géométrie plane. Dans cet univers, on trouve des points, qui se mettent ensemble pour faire des segments, qui s'assemblent eux-mêmes pour faire des figures à plusieurs côtés, des carrés, des triangles, des rectangles, des polygones. Ils ont des tailles différentes et peuvent aussi s'assembler entre eux pour faire des figures plus complexes. Mais au fait, un jeu vidéo, c'est un assemblage de points ! Donc ces deux univers sont assez proches en fin de compte. C'est une question de point de vue.

Un autre point commun entre les mathématiques et les jeux vidéo, c'est que dans les deux cas, on doit résoudre des énigmes, pour cela développer des stratégies, essayer, recommencer. Faire des casse-tête, c'est faire des mathématiques, et dans les jeux vidéo, il y en a plein ! C'est vraiment excellent pour développer ses compétences en mathématiques.

Je pense en particulier à une énigme dans le jeu *Hogwarts Legacy (L'héritage de Poudlard)*, dans lequel il y a une énigme de calcul à résoudre qui permet d'ouvrir des portes, que nous nous sommes amusées à résoudre avec Céline.

Pour Céline, dans l'univers d'un jeu, tout n'est pas toujours simple, il n'y a pas que de la facilité, il n'y a pas qu'une dimension légère. Dans le jeu vidéo, il y a aussi un lot de difficultés et parfois des situations d'inconfort pour le joueur. Résoudre une énigme, gagner une partie contre une équipe qui a un bon niveau ou s'atteler à un boss difficile demande une organisation et une stratégie.

Les jeux vidéo amènent de manière inconsciente et ludique à la réflexion et à l'élaboration d'une série d'actions pour réussir une épreuve.

Dans les énigmes que l'on doit réaliser en solo ou à plusieurs, c'est aussi une forme de logique mathématique à laquelle on sera souvent confronté. Elle pense notamment aux puzzles à résoudre. Par exemple dans le jeu Zelda, il y a plusieurs fois des petites énigmes dans lesquelles il faut regrouper plusieurs pièces ou alors il faut faire un certain nombre de bons placements pour amener un cube d'un point A à un point B.

Un point important pour réussir en mathématiques, c'est l'imagination. Pour revenir aux espaces vectoriels, on peut visualiser ou représenter un espace de dimension 1, c'est une droite, de dimension 2, c'est un plan, de dimension 3, c'est en gros le monde dans lequel on vit. Mais pour un espace de 4, 5 ou 10 000 dimensions ?

Une autre qualité importante pour réussir en mathématiques, c'est le sens de l'effort, la persévérance.

Pour Céline, pour réussir dans le domaine des jeux vidéo, il est important de développer des qualités de persévérance, de détermination, de dépassement de soi, de patience, d'acceptation.

On retrouve les mêmes qualités en mathématiques.

Un exemple de Céline : « Quand je joue à Animal Crossing, je visualise comment je peux améliorer et personnaliser mon île. Quand je joue à jeu coopératif tel que Guild Wars 2, on établit une stratégie, alors je visualise la mise en place de la stratégie. J'imagine aussi la suite de l'aventure et des contrées que je pourrai explorer en avançant dans les niveaux. »

Finalement, si pour devenir bon en mathématiques, il fallait faire des jeux vidéo ? Ou réciproquement ?

Et si les jeux vidéo permettaient de réconcilier avec les mathématiques ?

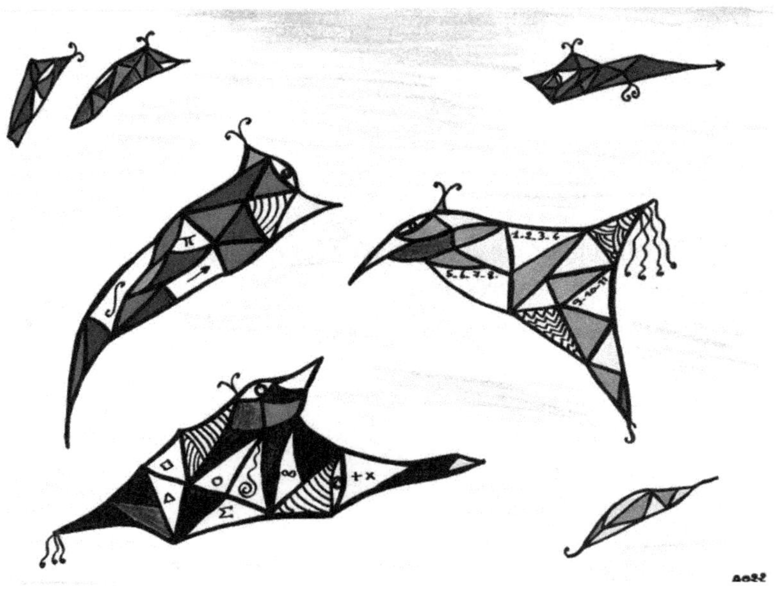

LA BIBLIOTHÈQUE DE BABEL EXISTE VRAIMENT

La Bibliothèque de Babel, c'est le titre d'une nouvelle de Jose Luis Borges, écrivain argentin du XXe siècle, auteur de nombreuses nouvelles. Cette nouvelle est inspirée d'ailleurs d'une autre nouvelle, celle d'un mathématicien allemand Kurd Lasswitz, intitulée *La Bibliothèque universelle* et publiée en 1904. Un lien direct avec les mathématiques donc. Dans la nouvelle de Borges, publiée en 1944 dans son recueil *Fictions*, il est question d'une bibliothèque qui contient tous les livres de 410 pages possibles (chaque page étant formée de 40 lignes d'à peu près 80 caractères). Toutes les salles de la bibliothèque sont hexagonales (comme dans une ruche, et ce n'est pas un hasard[35]), et elles contiennent le même nombre de livres, écrits dans le même alphabet. Cette bibliothèque contient tous les ouvrages déjà écrits et tous ceux à venir, ainsi bien sûr qu'un certain nombre de livres incompréhensibles.

Un livre dans cette bibliothèque est une suite de $40 \times 80 \times 410$ caractères (1 312 000 caractères). Dans la nouvelle, il y a 25 caractères

35. L'hexagone est une figure mathématique qui permet un pavage régulier du plan (comme le carré ou le triangle équilatéral), mais elle présente l'avantage qu'à surface de carreau constante, les carreaux hexagonaux ont le plus petit périmètre. Ce théorème s'appelle « le théorème du nid d'abeille ».

(22 lettres, l'espace, la virgule et le point). Un calcul simple montre que le nombre de « livres » possibles est immense mais non infini ($22^{1312000}$ livres, ce nombre est bien plus grand que le nombre d'atomes dans l'univers observable). La bibliothèque est elle-même immense mais non infinie. Pour autant, trouver un livre dans cette bibliothèque est compliqué, voire impossible, et le bibliothécaire-narrateur est confronté à une immense solitude.

Dans *Le Livre de sable*, nouvelle publiée dans le recueil du même nom en 1975, Borges a poursuivi cette idée en imaginant que la bibliothèque tout entière pourrait être contenue dans un seul livre, aux pages extrêmement minces. Le « livre de sable » est un livre qui n'a ni commencement, ni fin.

Un livre est donc une suite finie de symboles. En associant à chaque symbole un nombre, on peut considérer qu'un livre est une suite de nombres, donc un nombre (entier). *C'est d'ailleurs ce qui se passe avec la numérisation, omniprésente dans nos vies. Pour être traité par un ordinateur, n'importe quel « objet » est transformé en suite de 0 et de 1.* Dans la suite de mon propos, on va imaginer un codage en base 10, utilisant les 10 symboles 0, 1, 2, 3, 4, 5, 6, 7, 8, 9. *Il est à noter ici que j'utilise un artifice fréquent en mathématiques. J'imagine, je considère, quelque chose qui existe, je le sais, mais je ne cherche pas du tout à l'expliciter.*

Considérons le nombre réel suivant :

0,12345678910111213141516171819202122232425262728293031 323334353637383940414243444546474849505152…

Ce nombre comporte une infinité de chiffres après la virgule, et, vous l'aurez reconnu, la suite de ses décimales est obtenue en accolant tous les nombres entiers, dans l'ordre.

Ce nombre est un nombre *univers*, c'est-à-dire qu'on retrouve tous les nombres (entiers) possibles dans la suite de ses décimales, ou encore toutes les séquences possibles de nombres. On y trouve votre date de naissance et la mienne, ainsi que celle de tous les êtres humains. On y retrouve donc tous les livres, puisque, comme nous l'avons vu précédemment, un livre est un nombre.

Ce nombre est donc « la bibliothèque de Babel » de Borgès.

Cette notion de « nombre univers » a été introduite par Jean-Paul Delahaye en 1966. Il existe d'autres nombres univers que celui que je vous ai présenté.

Par exemple, 0,23571113171923293137 41... dont la suite des décimales est composée de la suite des nombres premiers. Ce nombre s'appelle la constante de Copeland-Erdös.

Parmi les nombres univers, il y a les nombres *normaux*, non seulement on y trouve n'importe quelle séquence de chiffres, mais on la trouve une infinité de fois. La constante de Copeland-Erdös est un nombre normal.

À l'heure actuelle, on ne sait pas si π est un nombre univers.

Je terminerai en vous parlant brièvement de Paul Erdös.

Paul Erdös est un mathématicien hongrois, né en 1913 et mort en 1996. Il a la particularité d'être très prolifique, il a publié plus de 1 500 articles, seul ou en collaboration, et également d'être « un vagabond », en tout cas d'être « sans domicile fixe ». Il a passé sa vie d'adulte à voyager, vivant d'hôtel en hôtel ou chez des amis, avec très peu de possessions personnelles. Il a travaillé principalement sur la théorie des nombres, la théorie des graphes et la combinatoire. Son style de mathématiques est de résoudre des problèmes plutôt que de développer des théories. Une de ses phrases favorites, que je trouve assez pertinente hors des mathématiques aussi est : « Il faut parfois compliquer un problème pour en simplifier la solution. »

Il a donc passé sa vie à voyager et à travailler les mathématiques, avec quasiment tous les mathématiciens du monde. Il a inventé d'ailleurs le concept de « nombre d'Erdös », indiquant le degré de collaboration avec lui. Lui-même a le nombre 0. Si un mathématicien a écrit un article avec lui, il a le nombre 1. Si un mathématicien a écrit un article avec un mathématicien de nombre 1, il a le nombre 2. Etc. Si un mathématicien n'a aucun lien avec lui de cette façon, on lui attribue le nombre « infini ». Le plus grand nombre d'Erdös connu d'un mathématicien en activité en 2008 était de 13 (aucun n'avait le nombre infini donc).

Il vivait en ascète, pour les mathématiques et pour sa mère qui l'a accompagné dans ses voyages jusqu'à sa mort. Il a développé un vocabulaire particulier (il appelle les enfants des « epsilons » par exemple, parce qu'en mathématiques, on désigne par « epsilon » une très petite quantité). L'argent qu'il gagnait dans ses travaux, ou les nombreux prix qu'il a eus, ou pour ses conférences, il le redistribuait aussitôt aux personnes dans le besoin, ou à des organisations caritatives, ou encore sous forme de prix pour les personnes trouvant des solutions à ses problèmes. Il travaillait plus de 18 heures par jour, toute heure non consacrée aux mathématiques étant considérée par lui comme du temps perdu.

J'ai lu que, bien que doutant de l'existence de Dieu, il considère que les belles démonstrations viennent « du livre », livre dans lequel « Dieu » a rassemblé les belles démonstrations. Cela m'a fait aussitôt penser à Srinivasa Ramanujan[36]. J'ai fait quelques recherches et trouvé un article de Paul Erdös intitulé « *Ramanujan and I* », dans lequel il raconte sa découverte de Ramanujan, et tout ce qu'il lui doit. Il ne l'a pas personnellement rencontré (Ramanujan est mort en 1933 et Erdös a publié son premier article en 1932, redémontrant un résultat de Ramanujan). Comme Ramanujan disait recevoir ses formules de la « déesse », il n'est pas impensable qu'outre ses idées mathématiques, ses idées sur l'origine des mathématiques aient également influencé Paul Erdös.

Paul Erdös est mort d'une crise cardiaque alors qu'il participait à des cours à Varsovie, en plein travail donc, ce qui est certainement la plus belle des morts possibles à ses yeux.

36. Voir le chapitre « Le rêve de Ramanujan ».

1
1
2
3
5
8
13
21
34
55
89
144
233
377
610
987
1597
2584
4181
6765
10946
17711
28657
46368
75025
121393
196418
317811
514229
832040
1346269
2178309
3524578

VIOLAINE ET LA SORORITÉ

Violaine est née au XXe siècle, dans les années 1970, à Rouen. Elle est actuellement enseignante-chercheuse à l'INSA Toulouse.

Elle a adoré l'école. Elle était suradaptée au système. Avec une mère professeure de physique et un père littéraire, elle n'avait pas de pression pour choisir telle ou telle voie. Tout l'intéressait.

Elle a finalement choisi d'étudier les sciences en classe préparatoire plutôt que la littérature, parce que ça lui semblait moins arbitraire. En effet pourquoi une dissertation est-elle jugée bonne ou pas ?

Elle a vraiment découvert les mathématiques en première année de classe préparatoire. On redéfinissait toutes les notions avec un niveau d'abstraction très élevé, même l'addition des entiers par exemple. Elle avait l'impression de réinventer le monde !

À partir de ce moment-là, une chose a été sûre : les mathématiques auraient une place importante dans sa vie, à commencer dans ses études !

Elle a toujours eu envie d'être professeure. Elle a fait la classe à son petit frère jusque très tard (ce qui ne lui plaisait pas forcément d'ailleurs – à son petit frère). Au lycée, elle était celle à qui on vient demander des explications sur les cours.

En classe préparatoire, les seules écoles qui l'intéressaient c'étaient les Écoles Normales Supérieures (ENS) – section mathématiques bien sûr, elle ne voulait surtout pas devenir ingénieure. Et c'est ce qu'elle a réussi à faire, malgré ses doutes (le jour des résultats elle ne voyait pas son nom dans la liste, tellement persuadée d'échouer… mais ce n'était pas la bonne liste !).

Elle est donc entrée à l'ENS Cachan, et là, elle a été déconcertée par l'enseignement des mathématiques. Ses professeurs étaient plutôt « des artistes ». Violaine, elle aime que les choses soient bien faites, avec rigueur. Elle ne supporte pas l'à-peu-près. Elle a choisi Thierry Gallay comme directeur de thèse parce que c'était quelqu'un de rigoureux. La devise qui illustre sa page web vient des alpinistes Carla et Vilhelm Hansen et dit « Tout ce qui mérite d'être fait mérite d'être bien fait », devise que Violaine partage totalement.

À l'ENS Cachan, il y avait un tiers de filles dans sa promotion, ce qui était assez exceptionnel. D'habitude c'est plutôt un milieu d'hommes (ça n'a pas beaucoup changé d'ailleurs). Quand, au début de l'année, l'enseignant a demandé « qui veut devenir professeur ? », la plupart des filles ont levé la main. Elles se sont fait « engueuler ». L'objectif de l'ENS c'était de pousser tout le monde vers la Recherche. Elle a donc fait une carrière de chercheuse.

C'est insécurisant la Recherche. On ne sait pas où on va, on ne sait pas ce qu'on va trouver, si on va le trouver, ni même quelle est la question. Cela peut apporter de grandes joies, et en même temps, être une grande souffrance. Par exemple, dans sa thèse elle était partie pour démontrer qu'une propriété était vraie, finalement elle a démontré qu'elle était fausse. Et en même temps, elle est fière de ce résultat[37] qui était inattendu.

Sa thèse s'intitulait « Sur la stabilité des ondes sphériques et le mouvement d'un fluide entre deux plaques infinies » et son objet était de s'intéresser aux équations mathématiques qui décrivent les

37. « *Stability of radially symmetric travelling waves in reaction-diffusion equations* », Annales de l'IHP, Analyse non linéaire, 21 (2004), pages 341-379.

mouvements de particules (cela peut être des particules chimiques ou bien des éléments d'une population humaine par exemple). Qui dit équation, dit solution, en tout cas recherche de solution. Parmi les solutions, il y en a qui ressemblent à des ondes sphériques, comme les ondes provoquées quand on jette un caillou dans l'eau. Comment évoluent ces solutions au bout d'un temps très long ? Violaine et Thierry pensaient qu'elles allaient se stabiliser vers une onde sphérique. Or non, certaines oscillent entre deux cercles. Ils les ont appelées « les ondes plissées ». (Voici la poésie mathématique à l'œuvre.)

Un autre sujet de recherche sur lequel elle a travaillé avec les mathématiciens Régis Monneau et Jean-Michel Roquejoffre[38], concerne encore les solutions d'une équation de mouvement (on appelle ces équations des équations aux dérivées partielles, et c'est la spécialité de Violaine), qu'ils ont réussi à classifier. Avec ses collègues, ils ont créé un modèle géométrique, baptisé le Pyracône. Je le trouve particulièrement joli[39].

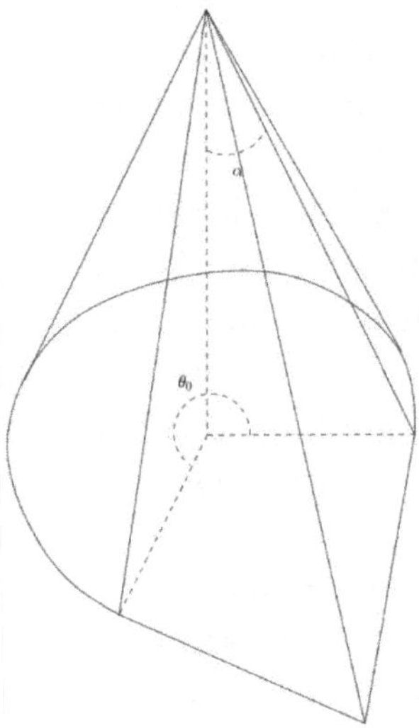

38. « *Travelling graphs for the forced mean curvature motion in an arbitrary space dimension* », Annales scientifiques de l'ENS, 46 (2013), pages 217-248.

39. Cette illustration vient de l'article précité.

Violaine est très investie dans l'égalité Femme-Homme. Quand elle était adolescente, elle n'aimait pas les ambiances de filles. La classe préparatoire lui convenait pour cela. Elle n'avait pas conscience des problématiques de genre au début de sa carrière. Elle a été contactée en 2010 par des collègues à l'occasion de la première journée « Parité en mathématiques », pour témoigner sur sa situation d'enseignante-chercheuse à 80 % à la suite d'une maternité. Elles lui ont demandé de relire toute sa biographie à la lumière de la parité. Et elle a pris une claque.

Attention, cela ne signifie pas qu'elle ait été victime de discrimination tout au long de son parcours ; mais plutôt qu'elle a soudain pris conscience du caractère inégalitaire du monde dans lequel elle avait grandi et de la chance qui avait été la sienne d'être globalement épargnée par ces discriminations (grandir dans une famille aux métiers parentaux inhabituels, être éduquée comme ses frères, avoir une promotion à l'ENS avec un tiers d'étudiantes et avoir un caractère affirmé qui ne s'encombrait pas du regard des autres).

Elle a, à l'occasion de cette journée, réalisé qu'être une femme dans le milieu mathématique n'était pas une évidence, alors que pour elle, avant, c'était un non-sujet.

À partir de là, elle a monté les journées toulousaines « Filles et Maths – une équation lumineuse », de l'action nationale portée par les associations Femmes & Mathématiques et Animath[40]. Puis elle s'est rapprochée de l'association Femmes & Sciences[41], qui a pour objet de promouvoir les femmes scientifiques, de constituer un réseau d'entraide et d'inciter les jeunes filles à s'engager dans des carrières scientifiques. Elle a découvert la sororité en tant que scientifique et a pu agir pour proposer des solutions.

Une fois par mois, elle va dans les collèges et les lycées pour lutter contre les stéréotypes de genre auprès des jeunes.

40. https://femmes-et-maths.fr/ et https://www.animath.fr/
41. https://www.femmesetsciences.fr/

Elle aime le côté abstrait des mathématiques. L'idée c'est d'inventer le cadre le plus général possible pour que ça s'applique dans le plus de situations possible.

Raisonner juste est très important pour elle, et les mathématiques apprennent à raisonner. Elle a un peu de mal avec les personnes « qui raisonnent à l'envers ». Parmi ses étudiants, ceux avec lesquels elle insiste le plus, ce ne sont pas ceux qui ne savent pas calculer, mais ceux qui prennent la conclusion pour les prémisses. Elle se bat également contre les idées reçues du genre « les mathématiques on est fait pour ça ou pas ».

« Il faut arrêter de croire que quand on commence un exercice, on a l'intuition et que l'on sait où il faut aller. C'est comme aux échecs. Au début, on a seulement un coup d'avance ».

C'est par les questions qu'on accède à la connaissance, et elle accepte toutes les questions en cours. Il n'y a pas de questions bêtes.

Elle ne comprend pas pourquoi les élèves français sont tellement stressés avec les mathématiques, et en particulier les filles.

Dans ce monde en décomposition
L'égalité ?
L'inconnue de l'équation

ADA LOVELACE ET LE PREMIER PROGRAMME INFORMATIQUE

Ada Lovelace est née en 1815 et morte en 1852 à Londres. Ada est également le nom d'un langage informatique dont les premières versions remontent aux années 1980, mis au point par des chercheurs américains. Il est encore largement utilisé.

Eh oui, le langage informatique doit son nom à Ada Lovelace qui est considérée comme la première personne à avoir codé.

Ada Lovelace est née dans un environnement familial en décomposition. Elle est la fille du célèbre poète anglais, Lord Byron et de l'aristocrate Anne Isabella Milbanke. Anne Isabella a bénéficié d'une éducation poussée, fait inhabituel pour l'époque et elle était passionnée de mathématiques. Lord Byron la surnommait « la princesse des parallélogrammes ». La relation entre les deux époux se détériore très vite, ils divorcent en 1816 et Lord Byron ne reverra jamais ni sa femme, ni sa fille. Ada reçoit également une éducation poussée en sciences, et montre très jeune un appétit pour les mathématiques. Elle a notamment pour tutrice Mary Somerville, éminente chercheuse scientifique du XIXe siècle. Cette dernière lui fait rencontrer Charles Babbage, mathématicien, dont le projet est de créer une machine qui pourrait faire des calculs, puis une machine plus ambitieuse, une machine analytique qui lit des données, les stocke, les traite, stocke les résultats intermédiaires et imprime les résultats (l'ancêtre de l'ordinateur). Ils collaboreront étroitement pendant plus de 10 ans. En particulier, elle écrit la « célèbre note G », qui est le premier algorithme de calcul connu, comprenant des boucles conditionnelles.

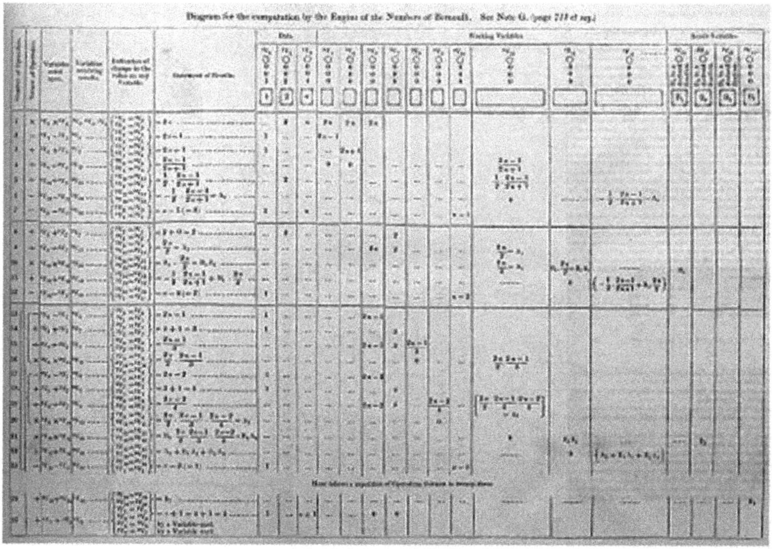

La note G d'Ada Lovelace

Elle a eu une vision beaucoup plus large des possibilités d'une telle machine que son concepteur, Charles Babbage, qui, lui, envisageait seulement de pouvoir faire du calcul numérique. Elle a été en ce sens clairement visionnaire, imaginant que cette machine pourrait manipuler des symboles, faire du calcul algébrique et bien d'autres choses, concevoir des morceaux de musique par exemple.

Charles Babbage n'a jamais réalisé sa machine, faute d'argent certainement. Ada a voulu financer ses travaux en utilisant ses talents de mathématicienne pour jouer aux courses, mais les mathématiques ne gagnent pas toujours face au hasard…

Ada est décédée des suites d'un cancer à l'âge de 36 ans.

Elle est tombée dans l'oubli et ses travaux précurseurs n'ont été réhabilités que tardivement.

Je recommande la biographie de Catherine Dufour, chez Fayard, Ada ou la beauté des nombres.

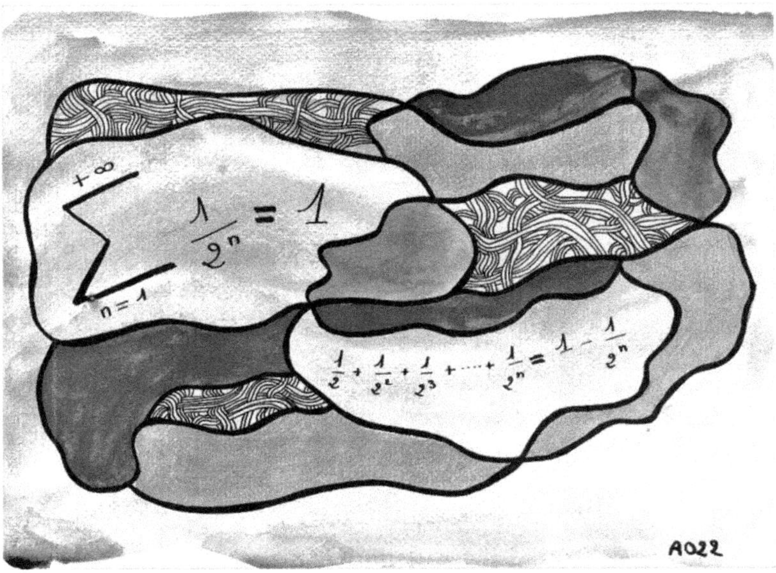
$\sum_{n=1}^{+\infty} \frac{1}{2^n} = 1$
$\frac{1}{2} + \frac{1}{2^2} + \frac{1}{2^3} + \dots + \frac{1}{2^n} = 1 - \frac{1}{2^n}$
AO22

L'EVEREST DES MATHÉMATIQUES

Qu'est-ce que vous rêviez de faire à l'âge de 10 ans ? Pompier-pompière, policier-policière, youtubeur-youtubeuse ?

Andrew, lui, voulait trouver la démonstration de la conjecture de Fermat ! C'est précis.

Au passage, quelle est la différence entre une conjecture et un théorème ?

Une conjecture, c'est une proposition mathématique, dont on ignore si elle est vraie. Personne n'a encore trouvé de démonstration. Néanmoins, il y a de bonnes raisons de penser que c'est vrai.

Un théorème, c'est une proposition mathématique qui a une démonstration. Une conjecture démontrée devient donc un théorème.

Pour comprendre cette histoire, nous allons d'abord nous intéresser à Pierre de Fermat.

Il nous faut revenir au XVIIe siècle, en Occitanie. Pierre de Fermat est un magistrat de la ville de Castres, puis de Toulouse. Mais il est surtout « polymathe », ce qui veut dire qu'il a des connaissances approfondies dans plusieurs domaines. Ses domaines de prédilection sont les mathématiques, le latin, le grec, la physique. Il est également poète. Bref, comme on dirait aujourd'hui, un haut potentiel. (Était-il également hypersensible ? L'histoire ne nous le dit pas.)

Fermat était très écouté dans le milieu scientifique. On l'a surnommé « le prince des amateurs ». Ce qui est assez curieux, parce qu'à cette époque, le métier de mathématicien n'existe pas. Il a commencé à se professionnaliser vers la fin du XIXe siècle. Mais peut-être que Fermat avait un métier plus prenant que d'autres scientifiques de son époque.

Fermat est en particulier pointu en théorie des nombres et dans les équations diophantiennes (équations portant sur les nombres entiers). Il est surtout connu des étudiants pour deux théorèmes, « le petit théorème de Fermat », et « le dernier théorème de Fermat ».

Le dernier théorème de Fermat est resté une conjecture pendant plus de 300 ans ! On peut dire que Fermat en a donné du fil à retordre aux mathématiciens !

Que dit cette conjecture devenue théorème ?

Pour comprendre l'énoncé de ce théorème, faisons un passage par le théorème de Pythagore.

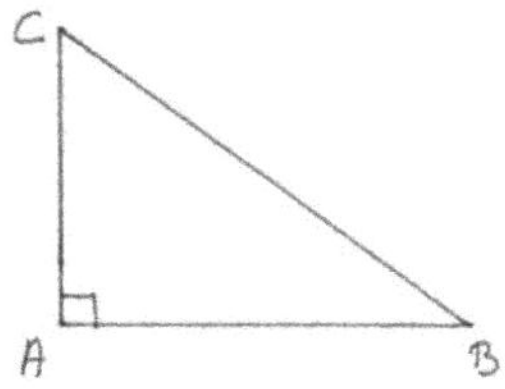

(ABC) est un triangle rectangle si et seulement si $AB^2+AC^2=BC^2$

Ce théorème permet de caractériser les triangles rectangles et réciproquement, de calculer des longueurs quand on sait que le triangle est rectangle. Cette propriété est utilisée depuis l'Antiquité pour construire des angles droits par les maçons, en utilisant une corde à nœuds.

Par exemple, on a $3^2+4^2=5^2$, donc on peut construire un triangle rectangle de côtés de longueur respective (3, 4, 5). On dira que (3, 4, 5) est un triplet pythagoricien.

Plus généralement, si x, y et z sont trois entiers, on dira que (x, y, z) est un triplet pythagoricien si et seulement si $x^2+y^2=z^2$.

La question que se pose Fermat en lisant une traduction des *Arithmétiques* de Diophante, c'est en quelque sorte une généralisation des triplets pythagoriciens. Peut-on trouver des triplets de nombres entiers non nuls (x, y, z) qui vérifient $x^3+y^3=z^3$? Ou $x^4+y^4=z^4$? Ou plus généralement $x^n+y^n=z^n$ pour n un entier supérieur ou égal à 3 ?

Il se pose la question, et il y répond ! Dans la marge du livre, il écrit en substance « **qu'il a trouvé une démonstration merveilleuse de ce résultat, mais qu'il n'a pas la place de l'écrire dans la marge de ce livre** ». C'était en 1637.

Puis il est mort sans avoir donné sa démonstration. C'est seulement en 1670 que son fils retrouve le livre et l'annotation de son père et qu'il en fait part au public.

Démontrer cette conjecture est devenu une obsession pour beaucoup de mathématiciens, professionnels ou amateurs. L'Académie des sciences de Paris, la Société royale de Göttingen offrent des médailles et de l'argent.

Andrew Wiles est un Anglais né en 1953. À l'âge de 10 ans, il découvre l'énoncé de la conjecture de Fermat. Il n'aura alors plus qu'un seul rêve en tête, démontrer cette conjecture. Pour cela, j'imagine qu'il a établi un plan d'action : devenir mathématicien professionnel avec la possibilité d'organiser son temps, avoir acquis suffisamment de connaissances en théorie des nombres, puis s'atteler à cette conjecture. Et c'est ce qu'il a fait. Après de brillantes études, il devient professeur à Princeton, une des plus prestigieuses universités américaines. L'université de Princeton, c'est un peu le paradis des chercheurs. De nombreux mathématiciens y sont passés, comme élèves ou professeurs ou encore invités. On y trouve de grands noms, comme Albert Einstein, mais également Cédric Villani (une pointure en mathématiques avant de faire de la politique, avec moins de succès mais beaucoup de courage). Terence Tao y a étudié, également médaillé Fields comme Cédric Villani. Maryam Mirzakhani a également été professeure dans cette université, et médaillée Fields. D'après mes informations (de seconde main, je n'y suis jamais allée), la vie là-bas est plutôt cool. Les professeurs sont assez libres de leur temps. Ils peuvent travailler seuls tranquillement (surtout les mathématiciens, ils n'ont pas vraiment besoin de matériel autre que papier et crayon) ou bien partager leurs idées de façon très conviviale, autour d'un café, ou en se promenant dans les allées du parc.

Pendant huit ans, Andrew Wiles a donc travaillé, secrètement pour ne pas « se faire voler ses idées », sur la démonstration du théorème de Fermat. Pour être exact, il s'est attaqué à la démonstration de la conjecture de Shimura-Taniyama-Weil dont Kenneth Ribet a démontré en 1985 qu'elle était plus forte que la conjecture de Fermat. Il avait néanmoins mis un collègue dans la confidence, Nicolas Katz. Car, c'est souvent en discutant et en exposant ses idées à quelqu'un qui comprend un peu que l'on avance dans sa réflexion. À ce niveau-là, c'est quand même très difficile, et on n'est pas à l'abri de faire des erreurs que l'on n'arrive pas à détecter.

Quand Andrew Wiles a eu une démonstration qui tenait la route, pour l'expliquer et en même temps la faire vérifier, lui et Katz ont eu l'idée d'organiser un cours de doctorat ouvert aux étudiants et aux professeurs, intitulé « Calculs sur les courbes elliptiques ». On est loin du théorème de Fermat ! Lors de trois conférences (21, 22 et 23 juin 1993), sans en annoncer l'objet, Wiles présente ses résultats. À la fin de la troisième conférence, il annonce que la conjecture de Fermat est alors démontrée, comme corollaire de ses résultats. Coup de tonnerre dans le Landerneau des mathématiciens ! Il faut bien avoir en tête que la démonstration complète et rigoureuse fait plus de 100 pages. Pendant les conférences, il donne les grandes idées, mais ne peut pas rentrer dans tous les détails. Et pour qu'une démonstration de cette taille soit validée, la bonne foi du mathématicien ne suffit pas. Il faut qu'un nombre suffisamment élevé de mathématiciens suffisamment réputés la valide également.

Dans le cas de la démonstration d'Andrew Wiles, le nombre de mathématiciens aptes à la valider n'est pas si élevé. Cependant, certains mathématiciens s'y mettent et l'un d'entre eux met en évidence une lacune dans sa démonstration. Pas une erreur, mais une étape non démontrée. Gros stress ! Andrew Wiles a dû y travailler une année supplémentaire, mais a finalement pu dépasser l'obstacle. La conjecture de Fermat est officiellement validée en octobre 1994 et prend le nom de théorème de Fermat-Wiles.

Andrew Wiles a donc mis à peu près trente ans pour réaliser son rêve. Pas mal. Il avait un tout petit peu plus que 40 ans et n'a donc pas pu obtenir la médaille Fields[42], mais sinon, tous les honneurs possibles et inimaginables lui sont tombés dessus. Il a reçu 50 000 dollars de l'université de Göttingen en 1997, puis dix-neuf ans plus tard, en 2016, le prix Abel, accompagné de la somme de 620 000 euros. Mais je pense que ça lui a fait ni chaud, ni froid. À ce stade de passion et d'investissement, le moteur n'est pas l'argent.

La question que je me pose, c'est : « Qu'a donc pu faire Andrew Wiles après ça ? » Qu'est-ce qu'on peut bien faire quand on a atteint son rêve, et un rêve de cette ampleur ? Je me souviens d'une interview dans le film de Simon Singh, *Le dernier théorème de Fermat*, avoir vu Wiles pleurer, non pas de joie, mais parce qu'il était perdu, désemparé (du moins c'est comme cela que je l'ai interprété. En même temps, il est anglais, n'oublions pas et n'a peut-être pas la même façon d'exprimer ses émotions). Quand, à 40 ans, on vit le moment le plus important de sa vie professionnelle, qu'est-ce qu'on peut faire après ?

La réponse est certainement différente pour chacun. Pour ma part, à quarante ans, j'avais atteint « le top » dans ma vie professionnelle de professeur de classes préparatoires. Je pouvais continuer à faire encore la même chose pendant vingt-cinq ans. J'ai choisi de tout quitter pour me donner un nouveau défi. C'est peut-être (mais c'est une pure supposition, je ne le connais pas personnellement) ce qu'a choisi de faire Cédric Villani après avoir obtenu sa médaille Fields. Il

42. La médaille Fields est une récompense attribuée tous les 4 ans pour une découverte mathématique particulièrement intéressante. Il faut impérativement avoir moins de 40 ans. C'est la récompense la plus prestigieuse, en tout cas la plus médiatisée.

a choisi de faire de la politique, rien à voir avec les mathématiques. En même temps, il était arrivé au sommet, que pouvait-il faire de mieux dans ce domaine ?

Je pense aussi au film d'animation *Le sommet des Dieux*, film réalisé par Patrick Imbert, qui raconte l'histoire d'alpinistes voulant atteindre le sommet de l'Everest. Un des protagonistes dit à un moment, en substance : « **Tu sais bien que le but ce n'est pas d'arriver au sommet. C'est autre chose.** »

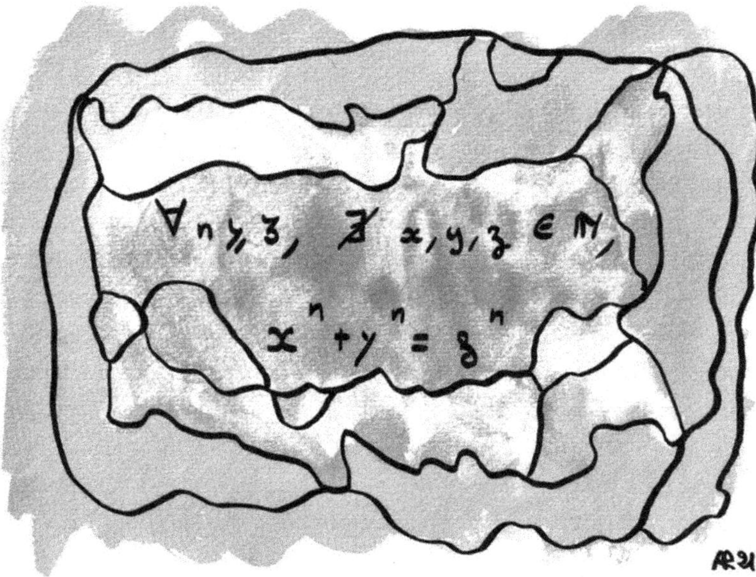

CHARLES GIULIOLI ET L'ART NUMÉRIQUE

Charles Giulioli est un artiste peintre, et ses peintures me font penser aux mathématiques. J'ai cherché à en savoir plus, notamment s'il s'inspire des mathématiques pour créer et quels rôles elles ont joué dans sa vie.

Il est né dans les années cinquante en région parisienne. Sa scolarité s'est déroulée sans histoire. Il a réellement découvert les mathématiques en classe préparatoire. Il aimait l'ambiance des cours, et en particulier l'odeur de la craie sur le tableau. Il est rentré à l'École centrale, puis au CNRS[43], en tant qu'assistant de recherche dans un laboratoire de biophysique.

À l'époque il s'intéressait surtout à la physique. Ce n'est que plus tard qu'il s'est vraiment intéressé aux mathématiques. Ce qu'il regrette d'ailleurs dans l'enseignement, c'est qu'on n'enseigne pas l'histoire des mathématiques. En effet, ce qui existe en mathématiques vient en réponse à des questions que les humains se sont posées, se posent. Et on ne parle pas de ces personnes, ni des questions.

43. Centre national de la recherche scientifique. https://www.cnrs.fr/fr

Cela dit, il trouve que ça fait partie du charme des mathématiques d'être désincarnées. Pour lui, le plaisir de faire des mathématiques, c'est d'être dans un monde idéal, dans lequel il n'y a pas de risque, un monde rassurant. C'est vrai ou c'est faux. Ce qui n'est pas le cas dans les autres domaines de la vie.

Il se rappelle que petit, sa mère lui avait dit que π était égal à 22/7. Il s'est ensuite rendu compte que ce n'était pas vrai, et il s'est demandé si π pouvait être le rapport de deux nombres entiers. À l'École centrale, il a aimé aller au Palais de la découverte[44], dans la salle où les décimales de π sont écrites au plafond, en spirale (pas toutes évidemment, il y en a une infinité...).

Il a été très déçu par son travail au CNRS. Il pensait tomber dans un milieu de passionnés, mais ce n'était pas le cas. Son travail était ennuyeux, il devait répéter des centaines de fois la même expérience. Seul le directeur du laboratoire lui semblait avoir un travail passionnant. Mais il avait 41 ans, ce qui paraissait terriblement vieux au jeune Charles, qui s'est alors dit qu'il n'allait pas attendre 41 ans pour faire quelque chose qui lui plaisait. Il s'est rendu compte qu'il aimait apprendre, et là, ce n'était plus le cas.

Il avait un rêve à cette époque, c'était de faire de la peinture son métier. Il a quitté le CNRS pour essayer. Il a eu la chance d'avoir un ami qui avait le même rêve. Ils ont pris un atelier ensemble. Il avait le projet de faire des perspectives, des trompe-l'œil architecturaux. Cela le fascinait. Ils ont peint sur des stores en bois tissés, de grandes peintures de la taille d'un mur. Ils ont atterri aux puces de Clignancourt, chez un décorateur qui avait un magasin sous un porche et leur a proposé de s'installer le dimanche pour vendre leurs toiles. Ça marchait bien. Il prenait des commandes et allait peindre chez les gens. Ça lui a permis d'apprendre à peindre. Petit à petit, ils ont rencontré des galeristes, et ils ont pu s'y prendre autrement pour vendre leurs toiles.

44. https://www.palais-decouverte.fr/fr/explorer-nos-contenus/cabinet-de-curiosites-mathematiques/le-nombre-pi

À l'époque, pour les peintres, le passage obligé c'était New York. On disait « là-bas ». Il est parti avec simplement l'adresse de la fille d'une galeriste et – dit-il – il a eu un grand nombre de « coups de bol ». Il est arrivé trois jours avant le départ de cette personne et il a pu récupérer sa location, la moitié d'un loft chez un architecte. Par cet architecte, il a eu plein de contacts, de tuyaux. En une semaine, il a connu autant de monde qu'à Paris où il vivait depuis son enfance. Les New-Yorkais aiment les gens entreprenants, c'est facile de se faire du réseau. Quelqu'un lui dit qu'il devrait envoyer un dossier au *New York Times*, et trois jours après une journaliste l'appelle parce qu'ils avaient en vue de faire un dossier sur les trompe-l'œil. Un mois après son arrivée, il était en première page du *New York Times* ! Incroyable ! C'est la magie de New York.

Mais au bout de deux ans, il en a eu assez. Au bout du compte, les gens ne font que travailler. Les relations, les dîners, ont toujours un objectif professionnel. Des gens de la famille Schlumberger, qui avaient acheté une de ses œuvres à Paris, sont passés (par hasard ?) dans la petite rue où il organisait sa première exposition. Ils l'ont fait venir en Californie, ils voulaient monter une galerie autour de ses œuvres. Ils lui ont proposé une maison à la campagne, à Santa Rosa, dans laquelle il pourrait peindre et eux vendraient ses œuvres. Au début c'était génial, mais ça s'est vite révélé être une prison dorée. Il était le *French artist*, mais n'avait pas de vie personnelle. Il était seul.

De retour en France pour les vacances, il a rencontré sa femme et elle est venue avec lui en Californie. Ils se sont installés à San Francisco, ils ont rencontré pas mal de Français expatriés et se sont rendu compte au bout de quelques années que la France leur manquait. Ils sont rentrés en France et se sont installés à Toulouse.

Il a eu alors l'opportunité de faire un cours au département de culture générale de l'école Supaéro[45], et là pendant dix ans il a

45. Supaéro est l'École nationale supérieure de l'aéronautique et de l'espace, grande école d'ingénieur, située à Toulouse.

enseigné l'histoire de l'art avec un point de vue mathématique. C'est en particulier à cette époque qu'il s'est vraiment intéressé aux mathématiques. Perspective, nombre d'or, canons du corps, fractales... Les élèves effectuaient un travail de recherche à partir de ses cours et ce sont eux qui lui ont proposé la création d'images numériques. Ce qui a radicalement changé sa façon de créer.

Il a appris à programmer. Son idée c'était d'introduire de l'aléatoire dans ses créations. Il a créé « la machine à peindre », programme informatique qui créait des œuvres qui ressemblaient aux siennes. Ça lui permettait de réfléchir à ce qui fait la force d'une œuvre. Petit à petit, il a introduit du mouvement et de l'aléatoire dans ses œuvres. Il souhaitait pouvoir exprimer tout ce qu'il a dans la tête. Il dessinait des vignettes et le programme les plaçait aléatoirement, ce qui lui paraît plus conforme à la réalité « de ce qui se passe dans sa tête », où les idées viennent sans ordre précis.

Une ligne sans calcul de Charles Giuloli.

Ensuite il a créé des images mobiles, les motifs apparaissent et disparaissent, c'est assez hypnotisant.

Il utilise les mathématiques pour programmer les mouvements. Mais c'est surtout dans sa série « ligne sans calcul » qu'il utilise les mathématiques. Sans « calcul » et pas « sans calculs ». Sans « calcul » parce qu'il n'y a pas d'intention, mais avec « calculs » parce qu'il utilise les courbes de Bézier (ce sont des courbes polynomiales, conçues au départ pour construire des carrosseries de voitures, de façon à recoller les morceaux harmonieusement).

Pour lui, les mathématiques ce n'est pas rigide. L'aléatoire introduit de la liberté. Il y a un paradoxe apparent entre rigueur et liberté. Mais est-ce tant paradoxal que cela ?

Pour retrouver le travail de Charles Giuloli : https://giulioli.com/

Complément

Les courbes de Bézier sont des courbes polynomiales, inventées simultanément et indépendamment par deux ingénieurs automobiles, Paul de Casteljau qui travaillait chez Citroën, en 1959, et Pierre Bézier qui travaillait chez Renault, en 1962. Les travaux de Casteljau étant secrets, son nom n'est pas passé à la postérité. C'était le début du dessin assisté par ordinateur, et l'idée était de réaliser rapidement des courbes passant par certains points donnés, et se recollant bien, pour définir une forme complexe, sans trop de calcul. Mathématiquement elles ne sont pas extraordinaires, ce sont des fonctions polynomiales ($P(t)=a_0+a_1t+a_2t^2+\cdots$), comme des paraboles par exemple (degré 2). Mais leur utilisation est astucieuse. Elles sont utilisées notamment en typographie, dans les polices PostScript, ce qui permet de garder une jolie forme, même en agrandissant.

Pour définir et tracer ces courbes, on se donne des « points de contrôle », qui vont déterminer le point de départ et le point d'arrivée, et l'allure de la courbe.

Par exemple, si on se donne 4 points, P_0, P_1, P_2, P_3, la courbe partira de P_0 en étant tangente à la droite (P_0P_1), et arrivera en P_3 en étant tangente à la droite (P_2P_3).

Comment dessine-t-on une courbe avec un ordinateur ? En fait, un ordinateur ne va tracer que des segments de droite.

Voici l'algorithme de Casteljau.

Dans un premier temps, dans mon exemple avec 4 points, l'ordinateur va tracer les 3 segments de droite, la ligne polygonale $P_0P_1P_2P_3$.

Ensuite, en définissant les milieux des segments considérés, on va lui faire tracer la ligne polygonale $P_0B_0B_1CC_1C_2P_3$. Puis en recommençant sur les deux moitiés $P_0B_0B_1C$ et $CC_1C_2P_3$, on affine le tracé, et ainsi de suite, et on se rapproche rapidement de la courbe réelle.

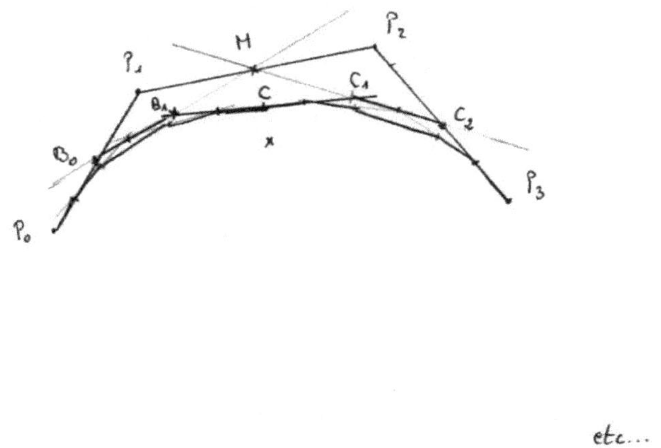

Charles, lui, pour faire ses calculs, utilise la formule suivante :

$P(t) = P_0(1-t)^3 + 3P_1t(1-t)^2 + 3P_2t^2(1-t) + P_3t^3$ pour t compris entre 0 et 1, où ici P(t) est un couple de coordonnées, P_0, etc. désigne les coordonnées du point.

Je dévale la pente
Je tends vers un horizon
Sans système

FIBONACCI ET LE NOMBRE D'OR

Vous avez certainement entendu parler du nombre d'or. Mais de quoi s'agit-il exactement ?

C'est le nombre qui représente « la divine proportion ».

On dira qu'un rectangle est dans « une divine proportion », si le rapport entre sa longueur et sa largeur, et le rapport entre sa largeur et la longueur moins la largeur sont égaux.

Autrement dit :

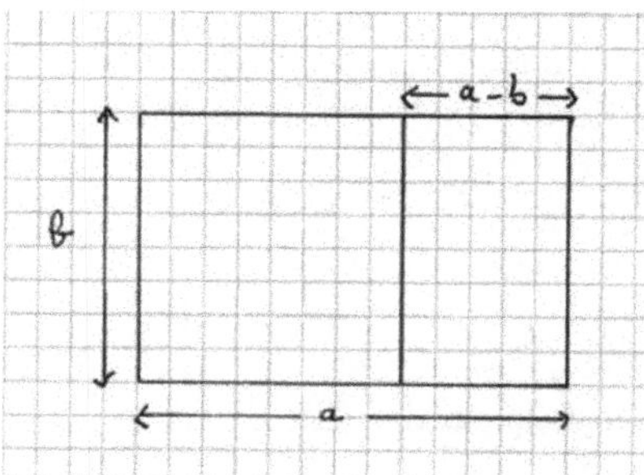

Le grand rectangle et le petit rectangle sont semblables (leurs dimensions sont proportionnelles). On a $\frac{a}{b} = \frac{b}{a-b}$.

Si on appelle φ cette proportion, ($\varphi = \frac{a}{b}$), on a $\frac{a}{b} = \frac{b}{a\left(1 - \frac{b}{a}\right)}$, ce qui donne $\varphi = \frac{1}{\varphi\left(1 - \frac{1}{\varphi}\right)}$, d'où $\varphi^2\left(1 - \frac{1}{\varphi}\right) = 1$, ce qui donne $\varphi^2 - \varphi - 1 = 0$.

En résolvant cette équation et en considérant la solution positive, on trouve $\varphi = \frac{1+\sqrt{5}}{2}$, qui a pour valeur approchée 1,618.

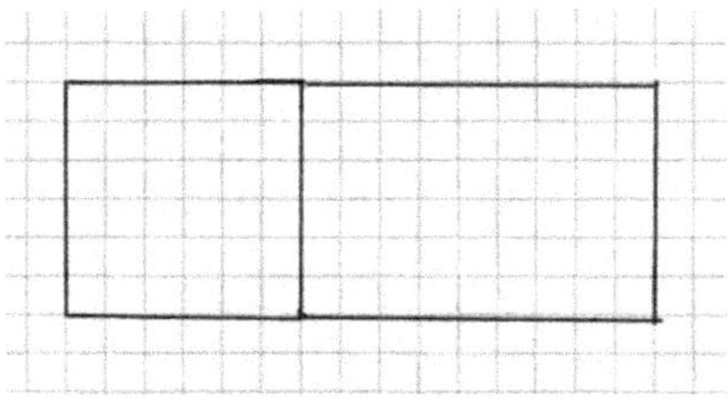

Un rectangle aux proportions « maléfiques ».

COMMENT CONSTRUIRE UN RECTANGLE D'OR ?

Voici une construction à la règle et au compas.

On construit un carré ABCD.

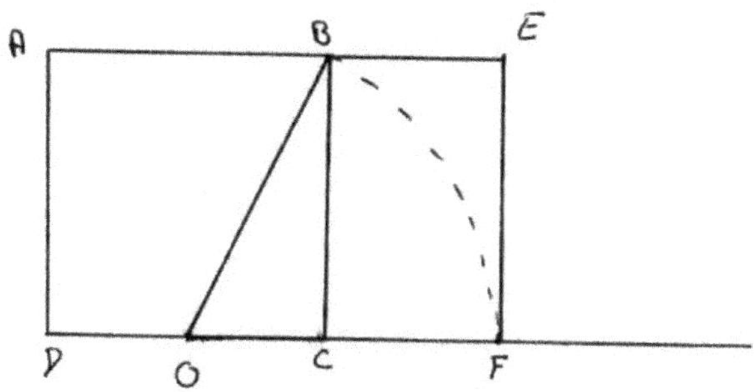

On place O, le milieu du segment [DC]. Avec le compas, on trace l'arc de cercle de centre O passant par B. Il recoupe la demi-droite [DC) en F.

On construit ensuite E tel que AEFD soit un rectangle. C'est un rectangle d'or.

Une propriété des rectangles d'or est que dans ce cas, le rectangle BEFC est également un rectangle d'or.

Inversement, si AEFD est un rectangle, le petit rectangle construit en enlevant le carré construit sur la largeur du rectangle est aussi un rectangle d'or. En itérant ce procédé, on peut construire une spirale d'or.

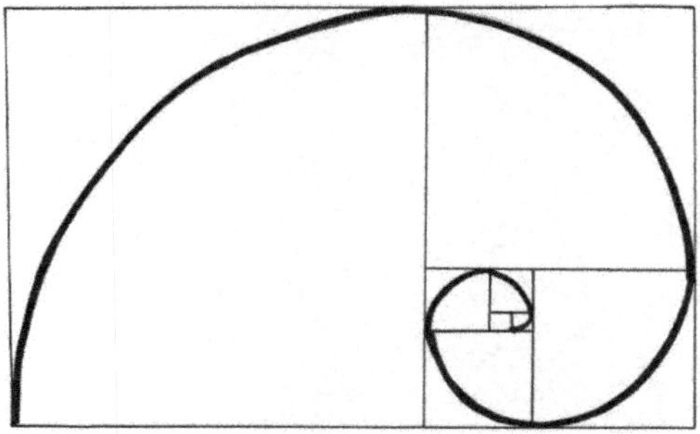

De quand date cette idée que c'est la proportion « idéale » ?

En tout cas ce nombre est évoqué par Euclide dans ses éléments de géométrie, donc dans l'Antiquité grecque, vers 300 avant J.-C. Il a été redécouvert à la Renaissance par Leonardo Fibonacci.

Mais son engouement date plus certainement du XVe siècle. Luca Pacioli rédige un livre intitulé *La divine proportion*, illustré par Léonard de Vinci. C'est à partir de là que les élucubrations mystiques commencent et que l'on va se mettre à le chercher – et le trouver – un peu partout.

La figure certainement la plus connue est l'Homme de Vitruve, dessiné par Léonard de Vinci, reprenant les proportions idéales du corps humain définies par un architecte ingénieur romain, Marcus Vitruvius Pollio, ayant vécu au Ier siècle après J.-C.

Le rapport entre le côté du carré et le rayon du cercle est le nombre d'or (dessiné sciemment par Léonard de Vinci, en accord avec Pacioli).

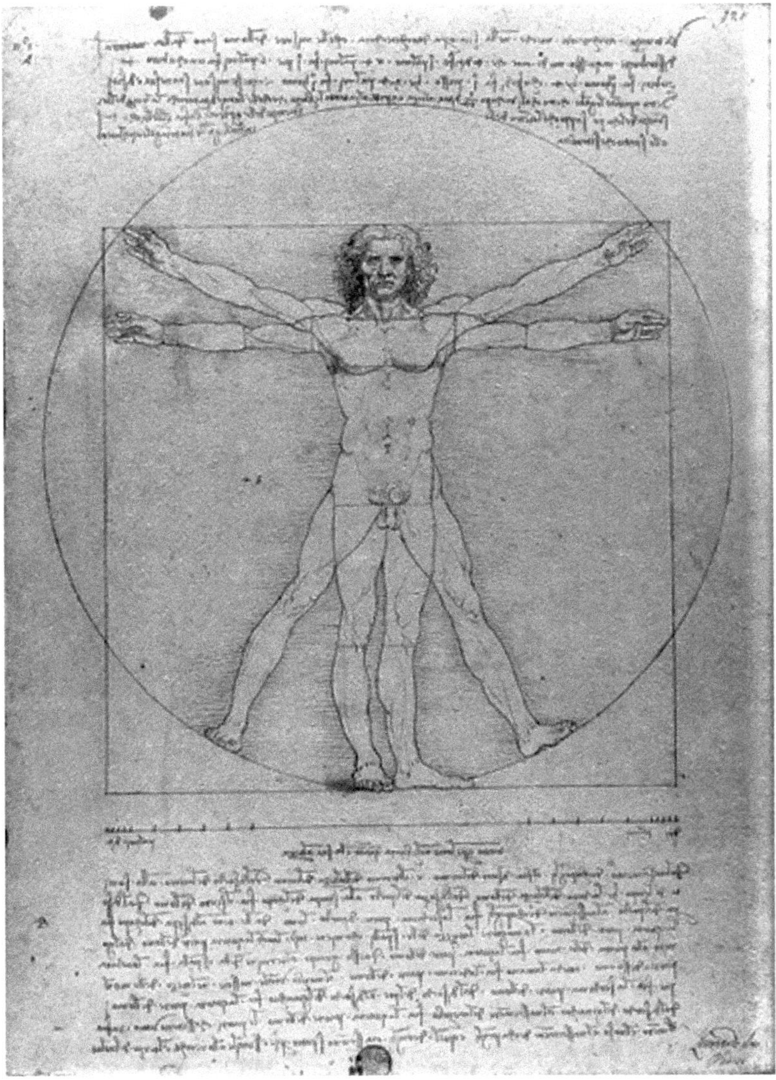

Léonard de Vinci s'est servi de ce nombre pour construire ses tableaux, et bien sûr de nombreux artistes et architectes après lui, ce qui fait qu'on le retrouve effectivement un peu partout.

QUEL RÔLE A JOUÉ FIBONACCI DANS CETTE HISTOIRE ? QUI ÉTAIT-IL ?

Leonardo Fibonacci est né à Pise en 1170 et est mort en 1252. C'est lui qui a apporté les chiffres indo-arabes en Occident. (En effet les « chiffres arabes » que nous connaissons ont été inventés par les Indiens, puis les Arabes – dont les compétences mathématiques étaient très développées à une époque où en Occident ce n'était pas florissant – les ont utilisés.) C'est grâce à Leonardo Fibonacci que nous les utilisons à notre tour. Cette écriture est bien plus efficace que les chiffres romains et a permis ensuite de faire d'énormes progrès en mathématiques. Il est amusant de constater que cette notation n'a pas été accueillie à bras ouverts. Tout d'abord les banquiers et les commerçants qui calculaient en utilisant des abaques – bouliers – ne voulaient pas en entendre parler, jaloux du pouvoir que leur conférait cette compétence. La ville de Florence a interdit l'usage des chiffres arabes en 1290. Heureusement, finalement ce système de position a prévalu[46].

Le père de Fibonacci est un marchand et notaire public des douanes, un homme important de Pise, qui représente la République de Pise au Maghreb. Il souhaite que son fils prenne sa suite. Leonardo reçoit une éducation mathématique (de la plus haute importance pour les marchands), et étudie les travaux de Al-Khwarizmi, entre autres. (L'étymologie du mot « algorithme » est justement le nom de ce mathématicien persan.) Il travaille effectivement pour le compte de son père, voyage sur tout le pourtour méditerranéen et rencontre ce qui se fait de mieux en mathématiques à l'époque. Il s'intéressait d'ailleurs davantage aux mathématiques qu'aux intérêts de son père et des marchands.

Son œuvre majeure est le *Liber Abaci*, le livre des comptes et des calculs, qui introduit les chiffres indo-arabes en Occident, avec le système décimal.

---

46. Voir le chapitre « Histoire du zéro ».

Mais il est surtout connu pour la suite de Fibonacci. C'est – à ma connaissance – la première suite numérique étudiée.

C'est la suite : 1, 1, 2, 3, 5, 8, 13, 21, 34, 55, 89, etc. On obtient chaque nombre qui la compose en ajoutant les deux précédents.

Cette suite modélise le problème de la prolifération des lapins.

Imaginons un couple de lapins au départ, donnant naissance le premier mois à un couple de lapins, qui lui-même au bout d'un mois pourra donner naissance à un couple de lapins. Le premier couple de lapins continue de donner naissance chaque mois à un couple de lapins, et chaque couple, après un mois, donne également naissance à un couple de lapins tous les mois. Dans cette modélisation, les lapins ne meurent pas et n'arrêtent pas de se reproduire, au rythme d'un couple de lapins mis au monde chaque mois. Ça fait beaucoup de lapins, mais combien ?

Au départ (mois 0) : 1 couple.

Au bout d'un mois (mois 1) : 1 couple (toujours le même, il lui faut un mois pour pouvoir se reproduire).

Le mois suivant (mois 2) : 2 couples (celui qui vient de naître et les parents).

Le mois 3 : les deux couples du mois précédent, plus le nouveau couple mis au monde par le couple initial. Donc $2+1=3$.

Le mois 4 : les deux couples présents au mois 2 mettent chacun au monde un couple, donc ça fait deux couples de plus. Bien sûr ceux qui étaient là le mois précédent sont toujours là. On a donc $2+3$ couples.

Le mois 5 : tous ceux du mois 4, plus ceux mis au monde par les couples présents au mois 3. Donc $3+5$.

Et ainsi de suite.

Ce qui se traduit mathématiquement par : $u_{n+2}=u_{n+1}+u_n$, où u_n représente le nombre de couples de lapins au mois n.

Quel rapport avec le nombre d'or ?

Déjà, les nombres u_n sont de plus en plus grands, c'est assez clair. En gros u_n est de l'ordre de φ^n (On dit que la suite (u_n) croît. Il s'agit d'une croissance exponentielle.)

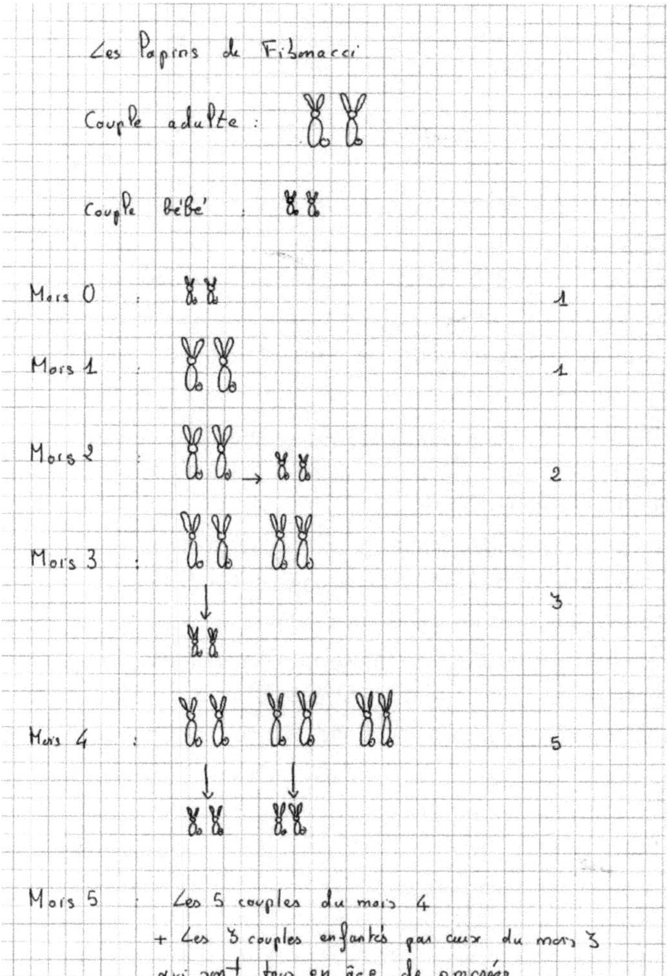

Considérons les rapports de deux nombres consécutifs :

1/1 : 1

2/1 : 2

3/2 : 1,5

5/3 : 1,666

8/5 : 1,600

13/8 : 1,625
21/13 : 1,616
34/21 : 1,619
55/34 : 1,618
89/55 : 1,618

On constate assez rapidement que les rapports semblent se rapprocher de φ, ce qui effectivement se démontre mathématiquement.

Les nombres de Fibonacci se retrouvent eux dans la nature, dans les phénomènes de disposition en spirale. Cela semble être la répartition optimale. On les retrouve dans la répartition des feuilles sur une tige, la disposition en spirale des graines de tournesol ou sur les pommes de pins, ou les marguerites ou encore les ananas. Il y a deux séries de spirales qui se croisent, ce sont deux nombres de Fibonacci consécutifs, en général 13 et 21.

On peut construire les nombres de Fibonacci sous forme de rectangles. Si on part de deux carrés consécutifs de taille 1 et 1, et qu'on rajoute à chaque fois un carré, on retrouve les nombres de Fibonacci dans les longueurs. Les rectangles ne sont pas des rectangles d'or, mais comme le rapport tend vers le nombre d'or, assez rapidement le rectangle est presque un rectangle d'or (indiscernable à l'œil nu).

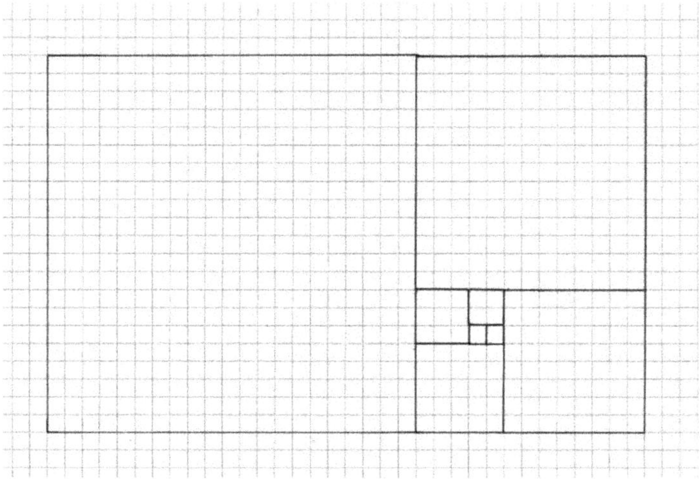

MARIE ET LES DONNÉES

Marie est une jeune femme de 28 ans, née à Neufchâteau, dans les Vosges. Actuellement elle vit en Allemagne, elle est professeure de mathématiques en freelance, à distance. Elle est spécialiste de statistiques et elle accompagne ses élèves principalement sur ce thème (probabilités et statistiques), des étudiants et étudiantes d'université ou de classes préparatoires (psychologie, économie, mathématiques, classes préparatoires BL et ECG...).

J'ai connu Marie quand j'étais professeure en classe préparatoire BL à Toulouse. C'est une classe préparatoire dans laquelle on enseigne toutes les matières « littéraires », ainsi que des mathématiques et de l'économie, le tout de haut niveau. Après sa classe préparatoire, Marie a intégré la TSE (Toulouse School of Economics, en bon français – cette université est connue grâce au Prix Nobel d'économie, Jean Tirole, qui y était enseignant chercheur et actuellement président honoraire). En parallèle de sa licence, Marie a fait un magistère d'économie statistique à l'université Paul Sabatier de Toulouse. Puis elle a été admise à l'ENSAE[47]. Le projet de cette école est de permettre aux élèves d'acquérir la capacité de donner du sens aux données, à

47. École nationale de la statistique et de l'administration économique, https://www.ensae.fr/

l'aide d'outils mathématiques pointus, afin d'éclairer les décisions des entreprises et des institutions publiques.

Et les données, ça prend une importance considérable à notre époque !

Un exemple de problématique : *S'il y a 31 389 cas d'effets indésirables liés au vaccin Comirnaty entre le 27/12/2020 et le 01/07/2021, dont 11 228 se sont résolus, 79 ont eu des séquelles, sur un total de 42 523 573 vaccins, on fait quoi ? On arrête ou on continue ?*[48]

Voilà un genre de problème auquel les statistiques peuvent apporter un éclairage (en comparant aussi à d'autres vaccins). Mais bien entendu, la décision appartient aux politiques, dans le cas du Covid en tout cas.

Au cours de son Master à l'ENSAE, Marie a fait une année de césure en Irlande et en Angleterre pour travailler dans des laboratoires de Recherche. Puis, pour des raisons personnelles, elle a tout arrêté avant de valider son M2.

C'est à cette période que, par le mystère de l'algorithme de Facebook, j'ai eu à nouveau de ses nouvelles, de façon plutôt inattendue. En effet, elle s'était mise à créer des bijoux, des tableaux sous forme de collages. J'aimais beaucoup ce qu'elle faisait. Elle avait également commencé à donner des cours de mathématiques en freelance.

Marie est née dans une famille de « matheux » et de professeurs. Son père est professeur de mathématiques en collège (elle a été son élève d'ailleurs) et sa mère professeure de mathématiques au lycée. Sa grand-mère était professeure de mathématiques et son grand-père chercheur au CNRS (en chimie). Parmi ses oncles et tantes il y a beaucoup de professeurs de mathématiques, de physique ou de chimie.

Pourtant elle n'a commencé à apprécier vraiment les mathématiques qu'en classe de terminale. Elle a toujours été bonne élève, mais avant la terminale, elle n'avait ni appétit, ni rejet pour les

48. Source : https://ansm.sante.fr/20210716-vaccins-covid-19-rapport-pfizer-periode-2

mathématiques. De plus, quand elle était élève de son père, elle ne voulait pas « être à fond dans les maths », parce qu'être « la fille du prof et en plus être à fond dans les maths, ça faisait trop ».

Au lycée, elle a eu une professeure qui organisait des « colles » – comme en classe préparatoire. Elle faisait venir un étudiant en mathématiques, qui prenait les élèves par trois au tableau et leur proposait un exercice à résoudre. Elle a trouvé cela très stimulant. C'était un défi. Il fallait non seulement résoudre l'exercice mais surtout expliquer ce que l'on faisait. Elle est passée de « j'applique mes connaissances » à « je comprends ».

Marie aime les mathématiques quand elles sont « incarnées » et qu'elles permettent de traiter des problèmes concrets. C'est ce qu'elle fait avec ses élèves. Elle n'aime pas résoudre des problèmes difficiles pour le simple plaisir. Elle aime que ça s'applique à des phénomènes concrets, avec un objectif pédagogique. Elle essaye de développer l'intuition chez ses élèves, afin qu'ils aient en tête une vision complète des problèmes et ne se fassent pas manipuler. C'est très facile de manipuler les gens avec des chiffres.

Marie est également une militante féministe, engagée dans deux collectifs, « Nous Toutes[49] » et « TPA » (pour « t'as pensé à[50] », qui pointe la charge mentale des femmes). Dans ce cadre-là, elle utilise beaucoup ses talents de statisticienne. Ces collectifs font des enquêtes et elle les analyse. Parce que faire une enquête, c'est bien joli, mais « qu'est-ce qu'on fait de toutes ces données ». Comment les analyse-t-on, quelles conclusions peut-on en tirer ?

Une première question concerne la représentativité des données. On va parler de « biais statistique »[51].

49. noustoutes.org

50. tapensea.com, instagram @tapensea

51. Par exemple, si on fait un sondage en interrogeant tous les habitants du centre-ville de Toulouse, pour savoir pour qui ils vont voter à la présidentielle, on ne pourra pas en déduire le résultat pour toute la France. Ou si on fait un sondage parmi ses relations Facebook, ce ne sera pas non plus représentatif, puisque par définition des algorithmes des réseaux sociaux, on est relié à des gens qui pensent en général comme nous.

Dans les milieux militants, un certain nombre d'enquêtes sont faites via les réseaux sociaux, parmi les abonnés et abonnées, ce qui peut rendre les données biaisées, en particulier si on veut généraliser à l'ensemble de la population. Cela ne pose en revanche pas de problème si on se contente de dire « parmi les personnes qui ont répondu au sondage, ou dans la population concernée, on observe tel résultat ». Dans les sondages on nous donne souvent le nombre de personnes interrogées, mais le plus important c'est la nature de l'échantillon.

Sur les sujets qui intéressent les collectifs dont fait partie Marie, les institutions ou les entreprises d'analyse de données ne produisent que très peu de données (la charge mentale, très difficile à mesurer par ailleurs, l'éducation à la vie sexuelle et affective, la façon dont les plaintes pour violences sexistes et sexuelles sont recueillies, etc.). Il leur faut faire avec les moyens du bord (leurs réseaux).

Il y a parfois des échanges problématiques avec les personnes de leurs réseaux. Marie lit parfois dans les commentaires : « Ces données sont biaisées parce qu'elles sont issues d'un sondage Instagram » et « Ces données sont biaisées parce qu'elles sont issues d'une enquête statistique commandée par une entreprise privée », ou encore « Vous êtes féministes donc la manière dont vous analysez ces données est biaisée ». Ce qui montre pour elle à quel point les gens n'ont aucune idée réellement de ce que signifient « des données biaisées » et sont prompts à les qualifier de telles dès qu'elles ne vont pas dans leur sens.

Une fois les données recueillies, il faut ensuite les analyser. Voici un exemple concret que m'a donné Marie :

Sur un échantillon représentatif de la population française dans une enquête OpinionWay de 2022, 70 % des femmes se déclarent concernées par la charge mentale et seulement 55 % des hommes. Cette différence est-elle significative ? A priori on se dit que oui, les femmes sont davantage concernées. Mais il y a toujours la possibilité que ce soit dû au hasard[52].

52. En effet, même avec une pièce non truquée, si on la lance 100 fois, il est possible qu'on ait 80 *Pile* et 20 *Face*, alors qu'en fait il y a autant de chance d'avoir *Pile* que *Face*.

Pour statuer de manière plus précise sur cette différence, on peut utiliser des tests d'hypothèses statistiques, qui utilisent des résultats mathématiques (probabilités) pour valider ou rejeter ces hypothèses. Dans cet exemple, on cherche à tester l'hypothèse « il y a autant de femmes que d'hommes concernés » et par des calculs statistiques à vérifier si cette hypothèse est vraisemblable étant donné les chiffres cités plus haut. Ici, en l'occurrence, on rejette cette hypothèse. Il ne faut pas oublier que de toute façon, le résultat est probabiliste. (Quelque chose comme « les femmes sont davantage concernées que les hommes par la charge mentale, avec moins de 5 % de chances de se tromper ».)

Pour Marie, faire des mathématiques, et des statistiques en particulier, permet de mieux comprendre le monde, les phénomènes économiques et sociaux. Néanmoins il y a encore pas mal de choses qui échappent aux mathématiques, parce qu'on ne les mesure pas, ou mal. L'étude quantitative des phénomènes économiques et sociaux permet néanmoins d'être à l'abri de mauvaises interprétations ou d'erreurs grossières.

Ce qui la passionne, ce sont les bases de données. Elle peut passer des heures à les analyser. Pendant un cours qu'elle donnait, elle est tombée sur une base de données European Social Survey[53] et elle a, pour son plaisir, fait des analyses de données (sur les valeurs dans les différents pays européens).

Son projet : faire un podcast pour vulgariser les statistiques avec également un but militant féministe.

53. https://www.europeansocialsurvey.org/

Un chant complexe
S'élève au loin
Mes mains sont liées
Je reste neutre

COMMENT PRÉDIRE LE PASSÉ ?[54]

En général, on cherche plutôt à prédire l'avenir. Par exemple, si je tire une boule dans une urne comportant 8 blanches et 2 noires, est-ce que je fais le pari que la boule va être blanche ?

Ou si je suis à une soirée avec une personne infectée à la Covid-19, vais-je avoir un test positif ? Dois-je aller rendre visite à mes grands-parents ?

C'est ce que font les probabilités. Il faut savoir que la théorie des probabilités a été formalisée assez tardivement, en 1933 par Andreï Nikolaëvitch Kolmogorov, mathématicien russe né en 1903 et mort en 1987. Même si la mathématisation du hasard avait déjà vu le jour, c'est son ouvrage *Fondements de la théorie des probabilités* qui a proposé une axiomatisation très claire de la théorie, qui est le plus souvent utilisée aujourd'hui dans l'enseignement[55].

La notion de risque est apparue au Moyen Âge dans la signature des contrats commerciaux. Le véritable début de la théorie date de

54. Cet article s'inspire d'un article que j'ai écrit et publié sur mon blog et dans la revue *Quadrature* n° 125 en 2022.

55. Émile Borel avait proposé une bonne axiomatique également dans les mêmes années.

1654, lors d'une correspondance entre Pierre de Fermat et Blaise Pascal au sujet du problème dit « du chevalier de Méré » :

> *Le « problème des parties : si deux personnes se mettent d'accord pour jouer à un jeu un certain nombre de manches, au meilleur des sept manches par exemple, et qu'elles sont interrompues avant la fin, comment diviser la mise en jeu si, disons, le premier gagne une manche et le deuxième en gagne trois ?*[56] ».

Depuis, les probabilités et les statistiques ont envahi nos vies.

REVENONS À LA QUESTION INITIALE

Cette question qui peut paraître curieuse est la suivante : on dispose de deux urnes, l'une remplie de 8 boules noires et 2 blanches, l'autre remplie de 4 boules noires et 6 blanches. Une personne choisit au hasard une urne et en tire une boule blanche. Vous ne savez pas quelle urne a été choisie, vous savez seulement que la boule tirée est blanche. Pouvez-vous deviner l'urne dont il s'agit, et avec quelle probabilité ?

Dit comme cela, ce problème peut sembler artificiel, mais en fait il a énormément d'implications. Par exemple, vous allez faire un test de dépistage d'une certaine maladie. Le test est positif. Sachant qu'il y a des « faux positifs » et des « faux négatifs », quelle est la probabilité que vous soyez réellement malade ?

Ou bien vous faites un test de dépistage de la trisomie 21 chez votre fœtus. Il est positif. Que doit-on en conclure ?

C'est la même chose quand on fait du contrôle qualité.

Examinons le cas des tests de dépistage.

QU'EST-CE QU'UN FAUX POSITIF ?

C'est quand le résultat du test est positif alors que la personne testée n'est pas infectée ou atteinte par la maladie ou l'anomalie. Et un faux négatif, c'est quand le résultat du test est négatif alors que l'on est infecté ou atteint. Il existe des tests fiables à 100 %, comme une

56. Source : Wikipédia, article Antoine Gombaud.

amniocentèse dans le cas du dépistage de la trisomie 21, mais c'est un test qui n'est pas sans risque pour la mère et l'enfant, et coûteux, donc on propose d'abord un autre test. Il est plus rapide, moins dangereux, moins coûteux, mais… moins fiable (on ne peut pas tout avoir).

Si on repense à une situation récente, la pandémie du Covid-19, voici dans un article du *Monde* daté du 22 septembre 2020[57] les estimations concernant la fiabilité du test :

> « *Les tests PCR par voie nasale sont les plus fiables dont on dispose actuellement. Ils peuvent toutefois présenter une proportion de 30 % de faux négatifs lorsque le prélèvement est mal réalisé. Soit de manière trop superficielle, si l'écouvillon n'a pas été assez enfoncé, par exemple, soit si le dépistage a été fait au mauvais moment. Lorsqu'un malade est testé trop tôt (pendant la phase d'incubation) ou tout à la fin de la maladie, la quantité de virus peut être trop faible pour qu'il soit repéré. Le président du Syndicat des biologistes, François Blanchecotte, se montre rassurant : la sensibilité du test est de "98 % quand on prélève correctement", a-t-il déclaré à l'AFP, tandis que Laurent Andreoletti, responsable d'une unité de diagnostic Covid-19, estime son taux de fiabilité de l'ordre de 80 %.* »

Dans ce chapitre, pour simplifier, je vais donc utiliser les chiffres de 98 % de fiabilité pour le test positif, c'est-à-dire : si le patient est infecté, le test a 98 % de chance d'être positif. Donc, il a 2 % de chance d'être négatif. Je n'ai pas trouvé de données sur la fiabilité si le patient n'est pas malade, on va prendre les mêmes chiffres. Mais attention, la question n'est pas de savoir si le test est positif quand on sait qu'on est infecté, car si on le sait, on s'en moque un peu du test. La question est inverse : si le test est positif, est-ce que je suis infecté ? Quelles mesures dois-je prendre alors ? Et comment calculer cette probabilité, car vous l'aurez compris, rien n'est sûr. Tout est probabiliste.

57. https://www.lemonde.fr/les-decodeurs/article/2020/09/22/ fonctionnement-fiabilite-alternatives-30-questions-sur-les-testspcr_6053146_4355770.html

INTERPRÉTATION MATHÉMATIQUE

Là, on va faire un peu de mathématiques, en utilisant deux formules : la formule des probabilités totales et la formule des probabilités conditionnelles. Dans notre situation, 98 % représente justement la probabilité d'être positif si on est infecté, c'est ce qu'on appelle la probabilité conditionnelle (sachant que j'ai des informations).

Petit aparté sur les probabilités conditionnelles : voilà un exemple plus simple (en apparence). Attention, il est contre-intuitif !

Vous êtes invité chez des amis, vous savez qu'ils ont deux enfants. Quelle est la probabilité qu'ils aient deux filles ?

Il y a 4 situations possibles, ayant la même probabilité chacune (je fais l'hypothèse qu'il y a autant de chances d'avoir une fille qu'un garçon) : FF, FG, GF, GG. (FF = fille aînée, fille cadette, etc.). Donc la probabilité qu'ils aient deux filles est 0,25 (1 chance sur 4). Maintenant, quand vous arrivez chez vos amis, c'est une petite fille qui ouvre la porte. Donc vous savez qu'ils ont au moins une fille. Quelle est la probabilité que l'autre soit une fille ? Il n'y a plus que 3 cas possibles : FF, FG, GF. La probabilité est donc de 1/3, une chance sur 3. Si elle vous dit qu'elle est l'aînée, la probabilité que l'autre soit une fille devient 1/2, car il n'y a que deux cas : FG, FF.

LA FORMULE DES PROBABILITÉS CONDITIONNELLES

En maths, ça s'écrit : $P(I \cap T) = P(I) \times P(T / I)$.

Je m'explique : I c'est l'événement « être infecté », T c'est l'événement « être positif ». La formule se lit donc « la probabilité d'être infecté ET positif – $P(I \cap T)$ – est le produit de la probabilité d'être infecté – $P(I)$ – multiplié par la probabilité d'être positif SACHANT qu'on est infecté – $P(T / I)$ » (L'écriture mathématique c'est quand même plus concis…). Au passage, on peut admirer la « redoutable efficacité[58] » de l'écriture mathématique.

58. En référence à Eugène Wigner.

LA FORMULE DES PROBABILITÉS TOTALES

En mathématiques, ça s'écrit : $P(T)=P(T\cap I)+P(T\cap S)$ où S est l'événement contraire de I, c'est-à-dire « être sain ».

En français, ça se dit : la probabilité d'être positif – $P(T)$ – c'est la somme de la probabilité d'être positif et infecté – $P(T\cap I)$ – avec la probabilité d'être sain et positif – $P(T\cap S)$.

Voici un arbre de probabilité, qui résume la situation (*j'ai noté N l'événement « être négatif »*).

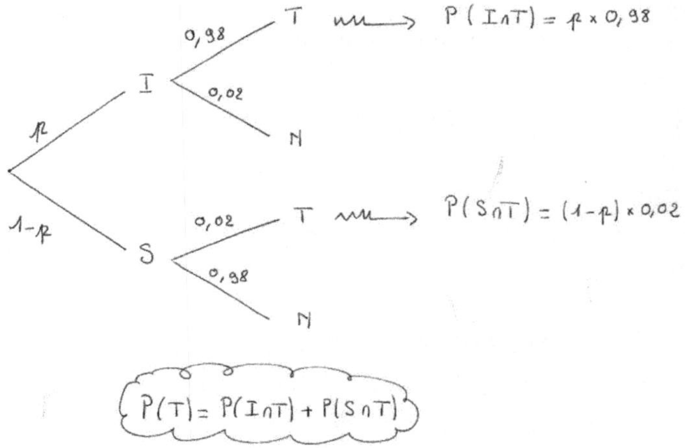

Il nous faut maintenant évaluer p, la probabilité d'être réellement infecté. C'est-à-dire le pourcentage de personnes infectées dans la population. Évidemment, on ne connaît pas exactement ce chiffre. On va faire des estimations. On verra dans la troisième partie comment estimer ce chiffre. Pour nous faire une idée, j'utilise le chiffre du gouvernement[59].

DÉMONSTRATION PAR LE CALCUL

250 pour 100 000 habitants est le taux d'alerte maximale, qui correspond aux nombres de cas « officiels » de Covid-19. Cela fait

59. https://www.bfmtv.com/sante/covid-19-le-taux-dincidence-en-france-repasse-sous-les-250-pour-la-premierefois-depuis-un-mois_AN-202011190161.html

0,25 pour 100. On va donc faire les calculs avec cette estimation, qui est plutôt « haute ».

On a donc :

$$P(T)=0,25\%\times 0,98+0,02\times 99,75\%=0,0224(2,24\%)$$

Ce qui veut dire que si on prend une personne au hasard dans la population et qu'on la teste, il y a 2,24 % de chances que le résultat du test soit positif.

Mais ce qui nous intéresse, c'est la probabilité d'être infecté si notre test est positif, ce qui mathématiquement est la quantité $P(I/T)$. Si on reprend la définition donnée plus haut, on trouve :

$P(I/T)=P(I\cap T)\div P(T)=0,98\times 0,25\%\div 2,24\%=0,109375$ (à peu près 11 %).

Ce qui veut dire, que dans ce cas, la probabilité d'être infecté quand le résultat du test est positif est d'un peu plus d'une chance sur 10.

INFLUENCE DU TAUX DE CONTAMINATION DE LA POPULATION

Nous allons voir que cette probabilité évolue en fonction du taux de contamination dans la population.

Supposons par exemple qu'une personne sur 10 soit infectée, ce qui représente 10 %. On va refaire le calcul précédent avec cette nouvelle valeur de p ($p=0,1$).

On obtient donc d'abord :

$P(T)=10\%\times 0,98+90\%\times 0,02=0,116(11,6\%)$

Puis $P(I/T)=0,98\times 10\%\div 11,6\%=0,84482$.

On a donc cette fois à peu près 84 % de chances d'être effectivement infecté si le test est positif.

À PARTIR DE QUELLE PROPORTION D'INFECTÉS DANS LA POPULATION CETTE PROBABILITÉ DEVIENT-ELLE SUPÉRIEURE À 95 % ?

Pour cela, nous allons résoudre une inéquation.

On a : $P(T/I)=p\times 0{,}98\div\left(p\times 0{,}98+0{,}02\times(1-p)\right)$ (p étant le taux de contamination).

On souhaite donc résoudre l'inéquation : $P(T/I)\geq 0{,}95$.

C'est-à-dire : $p\times 0{,}98\div\left(p\times 0{,}98+0{,}02\times(1-p)\right)\geq 0{,}95$

On obtient la suite d'équivalences suivante :

$p\times 0{,}98\geq 0{,}95\times\left(p\times 0{,}98+0{,}02\times(1-p)\right)$

$\Leftrightarrow$

$p\times 0{,}98\geq 0{,}95\times 0{,}98\times p+0{,}95\times 0{,}02-0{,}95\times 0{,}02\times p$

$\Leftrightarrow$

$p\times 0{,}98\geq 0{,}912\times p+0{,}019$

$\Leftrightarrow$

$p\times(0{,}98-0{,}912)\geq 0{,}019$

$\Leftrightarrow$

$p\times 0{,}068\geq 0{,}019$

$\Leftrightarrow$

$p\geq 0{,}019\div 0{,}068$

$\Leftrightarrow$

$\boldsymbol{p\geq 0{,}28}$

En d'autres termes, il faut un taux d'infection d'au moins 28 % dans la population, pour que la probabilité d'être vraiment infecté sachant que l'on a un test positif soit supérieure à 95 %.

COMMENT ESTIMER LE TAUX DE CONTAMINATION DE LA POPULATION ?

C'est exactement la même problématique que celle des sondages pour une élection politique. On a trop tendance à oublier que les résultats d'un sondage ne donnent qu'une réponse à l'instant où le sondage est fait, et que les résultats mêmes du sondage vont avoir une influence sur la population. D'autre part le résultat d'un sondage est en fait une « fourchette », et une probabilité (ce que ne précisent pas les médias, en général).

Autrement dit, si le sondage donne 51 % au candidat A, sur un échantillon de 1 000 personnes, cela veut dire : la probabilité que le résultat dans toute la population à cet instant soit situé entre 0,48 et 0,54 est supérieure à 0,95. (J'ai pris une formule approchée, mais ça ne change pas grand-chose au résultat.) Dans notre cas, on voit que de toute façon, la victoire n'est pas assurée.

Avant de dire « les sondages mentent », ce serait bien de donner les résultats du sondage dans toute leur complexité.

Comme on ne peut pas tester tout le monde, on va choisir un échantillon, représentatif de la population générale. On a déjà une première difficulté : comment être quasi certain que l'échantillon est bien représentatif ? Si on choisit 1 000 personnes de moins de 20 ans, ou 1 000 personnes de plus de 70 ans, dans les deux cas, l'échantillon ne sera pas représentatif. Représentatif, cela veut dire dans lequel on retrouve les différentes caractéristiques de la population française avec les mêmes proportions.

Imaginons donc que l'on choisisse un échantillon représentatif de n personnes, et que la fréquence de résultats positifs soit de f.

(Par exemple, si $n = 1000$, et qu'on a 51 cas positifs, $f = 51 \div 1000 = 0,051$. Alors, nous pouvons dire qu'à 95 %, le taux de résultats positifs dans la population globale se situe entre $f - 1/\sqrt{n}$ et \ $f + 1/\sqrt{n}$, ce qui donne dans notre cas entre 0,051 – 0,03 = 0,021 et 0,051 + 0,03 = 0,081. On estime alors que $P(T) = 0,051$.)

Quelle est la valeur de p alors (rappelez-vous qu'il y a des faux positifs) ?

En reprenant la formule de la précédente partie, $P(T) = p \times 0,98 + 0,02 \times (1 - p) = 0,051$. On résout alors l'équation d'inconnue p, ce qui donne $p = 0,033$, **un taux de contamination de 33 pour 1 000.**

Aparté théorique : l'intervalle $\left[f - 1/\sqrt{n}, f + 1/\sqrt{n}\right]$ s'appelle un intervalle de confiance. C'est l'intervalle dans lequel se situe p, avec 95 % de chance[60].

60. Plus d'information sur les intervalles de confiance sur https://fr.wikipedia.org/wiki/Intervalle_de_confiance par exemple.

LA FORMULE DE BAYES

Nous avons utilisé plusieurs fois la formule suivante : $P(I/T) = P(I \cap T) \div (P(I \cap T) + P(S \cap T))$, qui donne la « probabilité de la cause sachant la conséquence », ou qui permet « de prévoir le passé ».

Cette formule s'appelle la formule de Bayes. Elle a d'ailleurs été longtemps appelée la « formule de la probabilité des causes ». Qui était ce Bayes ?

On dit d'ailleurs le « révérend Bayes ». En effet c'était un mathématicien britannique, qui était également pasteur de l'Église presbytérienne. Il est né en 1702 et mort en 1761.

EN CONCLUSION

J'espère vous avoir apporté un éclairage sur tous les chiffres que nous avons chaque jour dans les médias. Il faut comprendre qu'à chaque fois, il s'agit d'estimations, de probabilités. Dans notre époque complexe, un bon niveau de mathématiques est indispensable pour comprendre et ne pas se faire manipuler. Les mathématiques utilisées ici sont du niveau de première, pour ceux qui font la spécialité mathématique.

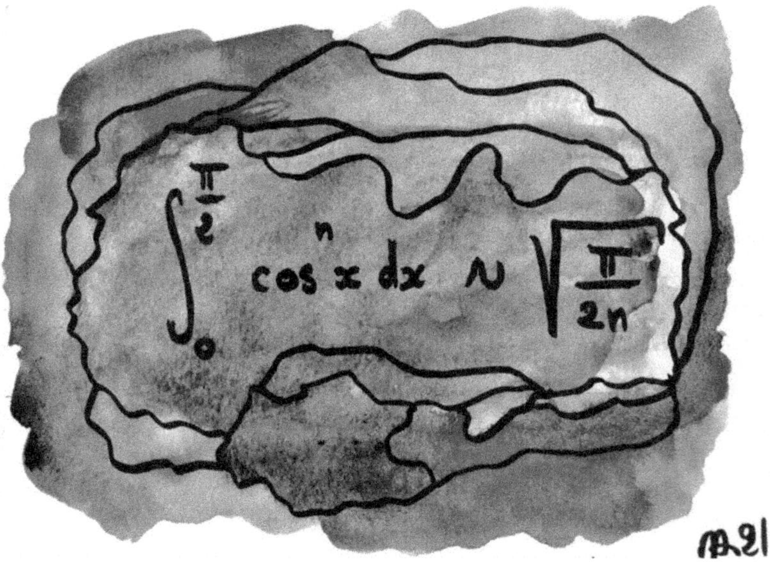
$\int_0^{\frac{\pi}{2}} \cos^n x \, dx \sim \sqrt{\frac{\pi}{2n}}$

FRANÇOIS-JULIEN, LES MATHS ET LE POKER

François-Julien est professeur de mathématiques en lycée, en centre-ville de Toulouse.

Il se présente lui-même comme un épicurien. Il aime profiter de la vie, son travail n'est pas tout pour lui, sa famille compte énormément, sa femme et ses deux enfants. Il est également attaché à la région toulousaine, dans laquelle il est né en 1977 et a grandi.

Quand il parle de sa grande passion, le poker, François-Julien a les yeux qui brillent, et il semble s'amuser beaucoup.

Cette passion lui est venue de façon un peu artificielle au départ. Le travail ne l'a jamais épanoui complètement. Il a ressenti le besoin d'avoir quelque chose, une occupation dans laquelle il pourrait progresser toute sa vie, qui ne soit jamais finie, répétitive. Rentrer le soir du travail, se mettre dans son coin à réfléchir, pratiquer, sentir qu'il s'améliore, avoir des résultats. Il voulait trouver une occupation cérébrale en lien avec les mathématiques.

C'est en Russie qu'il a joué pour la première fois au casino. Il a découvert l'ambiance, les croupiers, les tapis, les jetons. Il a eu un « shoot ».

Quand il est revenu en France, c'était le début du poker avec Patrick Bruel à la télévision. Tous les jeunes de sa génération regardaient ça le soir, fascinés. Il y avait de grosses sommes en jeu, les gens gagnaient des millions.

Il a tout de suite senti qu'il y avait des mathématiques là-dessous, ne serait-ce que dans les probabilités d'apparition des cartes. Alors il s'est lancé.

Il joue en ligne et depuis une vingtaine d'années il fait du poker « en vrai ». Des tournois à 550 euros pour lesquels il s'est qualifié. C'est une énorme satisfaction de pouvoir participer à une grosse épreuve, avec des joueurs professionnels, des gens qui viennent de toute l'Europe. Le premier gagne 40 000 euros, ça commence à être sérieux.

Le poker n'est pas totalement un jeu de hasard comme la roulette, ni totalement un jeu de compétence pure, comme les échecs. Il y a des gens aux États-Unis qui ont fait des calculs, et la part de chance dans le poker est évaluée à 60 %. Aux échecs, on va se faire laminer par le meilleur quoi que l'on fasse. Alors qu'au poker, il est possible de gagner contre le meilleur joueur du monde. Mais bien sûr, sur le long terme, ce sont les joueurs qui ont les meilleures compétences qui récupèrent tous les gains. Une étude américaine montre que le nombre de ces « gagnants » ne représente que 5 % des joueurs.

C'est un jeu de décision, similaire à la Bourse. On achète, on vend un coup. Il y a tout un système de cotation, en fonction des cartes que l'on a en main, de l'argent demandé pour jouer, des probabilités que les autres aient une meilleure main. Cela dépend aussi du gain espéré. Parfois, on sait que l'on a très peu de chances de gagner, mais ce que l'on peut gagner est tellement énorme par rapport à la mise que cela vaut la peine de tenter. Ou parfois, on a compris que l'adversaire est mauvais, qu'il ne maîtrise pas du tout le jeu, alors on suit.

Être bon au poker, cela implique d'avoir un certain nombre de connaissances mathématiques. C'est un crime de s'asseoir à une table sans connaître les chiffres de base ! Le mauvais joueur pourra par exemple croire – et dire – « ah, si j'avais touché un 8, j'aurais explosé la table ! » alors qu'en fait il n'avait qu'une chance infime de recevoir un 8.

Néanmoins, parfois, François-Julien joue des coups déraisonnables d'un point de vue des probabilités. Dans ce cas, c'est parce que le risque est tellement faible par rapport au gain espéré. C'est un peu comme le loto. Au pire, on perd deux euros vingt. Qu'est-ce que c'est par rapport au gros lot ?

Il y a aussi une part d'irrationalité dans ce jeu. Même les joueurs aguerris, qui connaissent les statistiques, se fient parfois à leur intuition.

Sinon, ce serait comme les échecs, écrit d'avance. Dans ce jeu, c'est important de tenir compte de la personnalité des joueurs assis à la table. Il est impératif de les observer, de deviner leur façon de jouer. Le facteur humain est très primordial.

François-Julien essaye de jouer de façon optimale. Par rapport à une situation donnée, avec les contraintes attenantes, faire ce qu'il y a de mieux à faire. N'oublions pas qu'il y a quand même 40 % des chances que l'on peut maîtriser.

Ce jeu le comble. Il a un côté carré, rationnel, commun avec les mathématiques, mais il a en plus le côté intuitif, irrationnel.

Dans son métier de professeur, il ne fait pas de place à l'intuition. Au contraire, il faut que les choses soient carrées pour les élèves, pour qu'ils puissent voir une certaine logique et comprendre.

Il a eu une scolarité tout à fait classique, primaire, collège, lycée, première et terminale S. Bac sans problème.

Et après il est allé en classe préparatoire au lycée Fermat, à Toulouse. Il voulait être professeur, son rêve c'était de faire l'École Normale Supérieure.

La classe préparatoire s'est bien passée. Il est resté équilibré, n'a jamais consacré tout son temps au travail. Il a gardé une vie privée, une vie intérieure. Il a été admis à l'École Centrale Lyon, mais il a préféré aller à l'université, pour être professeur.

Il avait regardé le programme de l'école et il y avait principalement des cours de physique, ce qu'il a détesté toute sa vie. Il était malheureux en cours de physique, il s'est toujours ennuyé en TP. Il a toujours honni ce qui est appliqué. Il a un esprit assez théorique, et il n'y a que maintenant qu'il s'ouvre un peu à l'application des mathématiques, avec les nouveaux programmes. Lui, il aimait les mathématiques pures.

Mais il s'ouvre à l'aspect pratique des mathématiques. Grâce au poker notamment, il a compris le sens des mathématiques.

Il n'a pas aimé les mathématiques d'entrée de jeu. En fait, il est plutôt littéraire.

Il a beaucoup aimé l'Université. Parce qu'il y jouait beaucoup aux cartes bien sûr… Mais surtout on lui faisait confiance. On lui disait « voilà, tu as un partiel en janvier, organise-toi comme tu veux ». Il a toujours répondu présent dans ces cas-là. Il a du mal quand on lui impose un rythme.

Tout ce qui est répétitif, régulier, l'ennuie. Du coup, pour les mathématiques, c'est un peu gênant, parce que c'est très ritualisé. Il s'est toujours senti entre deux eaux. Il ne se considère pas comme un matheux dans l'âme !

Il déteste chercher. Quand il cherche, il a toujours l'impression qu'il n'a pas les outils pour le faire. Tout ce qui est jeu mathématique, défi, concours, énigme, ne l'amuse pas du tout.

Cela peut sembler paradoxal, mais s'il a choisi d'enseigner les mathématiques, c'est pour le côté égalitaire. Le fait d'aimer la littérature, de lire, c'est très culturel. Il a des élèves qui n'ont pas de livres chez eux, qui ne lisent pas. Il est alors très difficile de leur demander de s'intéresser aux mots, aux concepts, aux idées. En mathématiques, il suffit d'apprendre très peu de chose, développer, un peu la variable, le x, c'est tellement logique, c'est tellement naturel que des progrès sont possibles en peu de temps. Il n'y a pas besoin d'avoir trop de connaissances au départ. Et c'est cela qui lui plaît. Il peut voir les élèves progresser, aller de 0 à 20.

Pour lui, les mathématiques c'est le langage de Dieu. Il adore cette phrase qu'il a lue quelque part.

Les physiciens mettent la nature en équation, et les mathématiciens résolvent les équations. Le langage mathématique c'est le langage de

Dieu, parce qu'il sert à comprendre, à expliquer comment le monde fonctionne. C'est bien pour cela que cela vaut la peine d'enseigner les mathématiques.

Les mathématiques sont pour lui un moyen d'être lui-même. Ce qui le rassure dans les mathématiques, c'est qu'il est possible de s'évaluer, de voir où l'on en est. Cela lui a permis de gérer la pression. Si on suit la règle du jeu, on va y arriver. Peut-être pas quand on fait de la recherche, mais c'est une autre histoire. En tout cas, il a adoré préparer l'agrégation.

En dehors du lycée, il ne parle pas de mathématiques, il ne lit pas de livres de mathématiques.

Pourtant, quand il a un problème dans sa vie, il l'aborde comme un problème de mathématiques (quelles sont les différentes possibilités pour résoudre le problème, quelle est la meilleure...) et cela fonctionne.

On reproche parfois aux mathématiques de « ne servir à rien ». Mais certains élèves, et c'est également son cas, sont justement très contents que cela ne serve à rien, de concret en tout cas. Par rapport aux autres matières, où c'est parfois lourd, les guerres, les produits qu'on mélange et qui explosent, là, on va factoriser, développer, ça vide la tête. Cela n'est pas en rapport avec le monde actuel, c'est une bulle de paix[61].

61. Voir dans le chapitre « Le rêve de Ramanujan », pourquoi Hardy faisait de l'arithmétique. Il pensait qu'il n'y aurait aucune application militaire. Malheureusement, il a eu tort.

Construire un générateur
De figures inconnues
Tendre vers le merveilleux

ALAN TURING, LE « PÈRE » DE L'INFORMATIQUE

Alan Turing est un mathématicien et informaticien anglais, né en 1912 et mort en 1954.

Il était certainement ce que l'on appellerait aujourd'hui « un haut potentiel intellectuel ». Il apprend à lire en trois semaines. C'est un enfant brillant, solitaire et introverti, qui devient rapidement la tête de Turc de ses camarades. Il s'intéresse quasi exclusivement aux mathématiques et aux sciences, ce qui n'était pas « la voie royale » à l'époque. À 16 ans, il découvre les travaux d'Einstein, et comprend qu'ils remettent en cause le 5ᵉ postulat d'Euclide et les lois de la mécanique classique. Il est admis au King's College à Cambridge, et y étudie sous la houlette de Hardy, une pointure dans les mathématiques de cette époque[62].

Ses travaux de recherche portent sur des concepts que l'on qualifierait d'informatique théorique.

En 1938, il est recruté dans le centre secret de Bletchley Park, à Londres, afin de décrypter les messages secrets nazis. Il a d'abord bénéficié des recherches des mathématiciens polonais et français,

62. Hardy est célèbre aussi pour avoir reconnu le génie de Ramanujan, voir le chapitre « Le rêve de Ramanujan ».

qu'il a ensuite améliorées. Turing est devenu « la tête pensante » de la « Hutte 8 », l'équipe qui a permis de déchiffrer l'Enigma. Son travail a permis – disent les historiens – de raccourcir la seconde guerre mondiale de deux ans. Ce travail est resté complètement secret jusque dans les années 1970. Les travaux sur Enigma n'ont été totalement déclassifiés par le Gouvernement britannique que dans les années 2000.

Hugh Alexander, qui était le directeur de la « Hutte 8 » à Bletchley Park a dit de lui :

> « *Il n'est pas permis de douter que les travaux de Turing fussent le facteur le plus important du succès de la Hutte 8. Au départ, il fut le seul cryptographe à penser que le problème valait d'être abordé et non seulement lui revient le mérite de l'essentiel du travail théorique de la Hutte 8 [...]. Il est toujours difficile de dire que tel ou tel est absolument indispensable, mais si quelqu'un fut indispensable à la Hutte 8, ce fut Turing. Le travail de pionnier tend toujours à être oublié quand par la suite tout paraît plus facile, sous l'effet de l'expérience et de la routine*[63]. »

Ensuite Turing a travaillé sur le développement de l'informatique théorique. Il a inventé une célèbre « machine », la machine de Turing, qui simule le codage de fonctions mathématiques et permet de dire si une fonction est calculable ou non. Une fonction est calculable si on peut par un nombre fini d'instructions l'évaluer en n'importe quelle valeur (par un programme autrement dit). Je me souviens avoir étudié dans les années 1980 à l'université les machines de Turing. Il suffisait d'un papier et d'un crayon. D'ailleurs, à l'époque, l'informatique se faisait – paradoxalement – avec un papier et un crayon.

Une machine de Turing est donc un concept abstrait, qui est un modèle théorique de l'ordinateur (qui n'existait pas à l'époque).

63. https://fr.wikipedia.org/wiki/Alan_Turing

• Il s'agit d'un ruban illimité, constitué de cases successives. Chaque case peut contenir une lettre d'un « alphabet » de symboles. Il y a un symbole spécial appelé « le symbole blanc ».

• Il y a ensuite une tête de lecture-écriture, qui peut se déplacer vers la gauche ou vers la droite, lire le symbole de la case et y écrire un autre symbole.

• Un registre d'état qui mémorise l'état dans lequel est la machine (il y a un nombre fini d'états, avec un état spécial, dit « de départ »).

• Une table d'actions, qui va indiquer quel déplacement faire et quel symbole écrire dans la case.

Alan Turing était aussi philosophe, il a beaucoup réfléchi sur l'intelligence artificielle.

Il fait le pari (en 1950) « *que d'ici cinquante ans, il n'y aura plus moyen de distinguer les réponses données par un homme ou un ordinateur, et ce sur n'importe quel sujet*[64] ».

Il a créé un test « d'intelligence artificielle », le test de Turing. Turing l'appelle *Imitation Game.* Il s'agit de mettre un être humain en discussion avec un autre être humain et un ordinateur – à l'aveugle. Si la personne qui commence la conversation ne sait pas distinguer entre ses deux interlocuteurs, le logiciel de l'ordinateur a passé avec succès le « test de Turing ». Il peut être qualifié d'« intelligence artificielle ».

Qu'en est-il de ChatGpt ? Certains ont pensé lui faire passer le test de Turing[65]. Mais il est vrai que ChatGpt ne cherche pas à se faire passer pour un humain, le test n'est donc pas pertinent. En fait le test de Turing teste non pas l'intelligence, mais si l'ordinateur cherche ou non à se faire passer pour un humain. Nuance. Cela dit, Turing voulait simplement faire réfléchir sur le sujet, il n'avait pas pour but de faire un réel test. Ce test n'est d'ailleurs pas utilisé par les chercheurs actuels en intelligence artificielle.

64. https://fr.wikipedia.org/wiki/Alan_Turing

65. Voir par exemple Numerama : https://www.numerama.com/tech/1203172-on-a-voulu-faire-le-test-de-turing-avec-chatgpt-mais-ca-sest-pas-passe-comme-prevu.html

Alan Turing est malheureusement également connu pour sa fin tragique. Bien qu'il soit un héros de guerre et fasse partie des peu nombreuses personnes qui ont changé le destin de la guerre, il a été inculpé en 1952 pour « perversion sexuelle », c'est-à-dire pour homosexualité (c'était un délit à l'époque...).

Hugh Alexander a tenté de défendre son ancien collègue dans le procès, mais étant soumis au secret, il n'a pu dévoiler le rôle essentiel qu'il avait joué. Turing a eu le choix entre la prison et la castration chimique (1952). Il choisit cette dernière qui a de terribles conséquences sur son physique et son psychisme. De plus il est rejeté professionnellement, bien qu'en 1951 il ait été nommé membre de la Royal Society.

Il a été retrouvé mort chez lui, en 1954, une pomme croquée sur sa table de chevet. Les causes du décès sont « suicide par empoisonnement au cyanure ». Il y a une allusion évidente à *Blanche-Neige et les sept nains*, dont Alan Turing était fan. Néanmoins la pomme n'a pas été analysée (curieux...). On ne sait donc pas si la pomme était empoisonnée. Plusieurs personnes proches de Turing – dont sa mère – réfutent la thèse du suicide.

Il n'est même pas certain que cela ait un lien avec sa condamnation de 1952, les effets de la castration chimique s'étant dissipés en 1953 et il avait à nouveau des projets.

Quoi qu'il en soit, le mystère reste entier.

La reine Élisabeth II le reconnaît comme héros de guerre et lui accorde une grâce royale à titre posthume en 2013.

Rester à l'intérieur
Fermer les frontières
La décomposition assurée

ATELIER DE CRÉATIVITÉ : LES FRACTALES

Une courbe fractale ou un objet fractal est une courbe auto-similaire, autrement dit, quel que soit le bout de l'objet qu'on considère, on retrouve l'objet complet.

Voici par exemple le triangle de Sierpinski[66] :

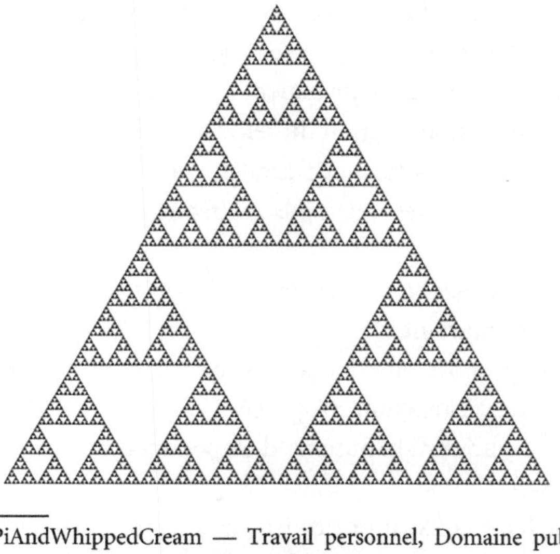

66. Par PiAndWhippedCream — Travail personnel, Domaine public, https://commons.wikimedia.org/w/index.php?curid=2155993

On retrouve l'intégralité de la figure dans n'importe quel sous-triangle.

Voici un chou-fleur : n'importe quel bout du chou-fleur est un chou-fleur à part entière.

Les courbes fractales ont été baptisées (et non pas « découvertes ») et formalisées en 1975 par Benoît Mandelbrot, mathématicien à la triple nationalité, polonaise, française et américaine (1924-2010). Le mot « fractal » vient du mot latin *fractus* (brisé, irrégulier).

Mandelbrot a toujours eu à cœur que les mathématiques soient appliquées, et les fractales justement servent à modéliser quantités de phénomènes : modélisation du relief terrestre et lunaire (les côtes sont en particulier des formes fractales), la structure des poumons, l'urbanisation des villes, les trous du fromage, la distribution des galaxies…

Certaines fractales sont assez faciles à construire, et donnent des résultats plutôt bluffants.

Il faut comprendre que le fractal « réel » est en fait une limite « à l'infini » de la construction proposée, c'est un objet idéal. Mais on peut construire un certain nombre d'étapes qui donneront un résultat très satisfaisant.

On peut faire construire des fractales et les faire décorer à une personne seule, ou à un groupe de personnes, en travail collaboratif.

LE FLOCON DE VON KOCH

Étape 0 : on construit un triangle équilatéral (c'est déjà un petit défi).

Étape 1 : sur le côté AB, on coupe en 3, on enlève la partie du milieu C'D', et on la remplace par les deux côtés d'un triangle équilatéral, plus petit (C'E' et E'D) :

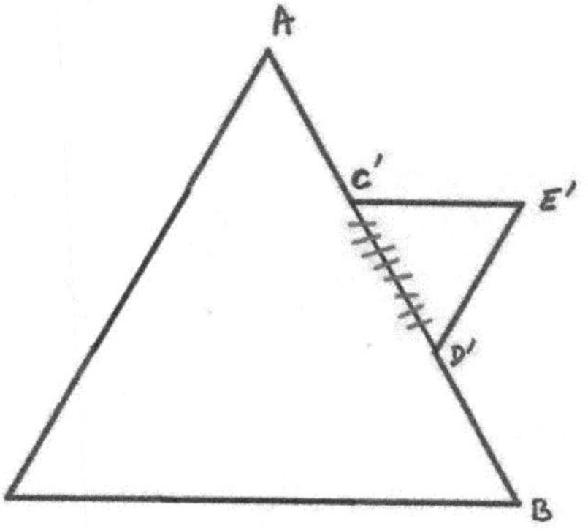

On recommence ensuite sur les deux autres côtés.

Les 12 segments ont même longueur.

Étape 2 : sur chacun des 12 segments, on recommence.

Étape 3 : encore…

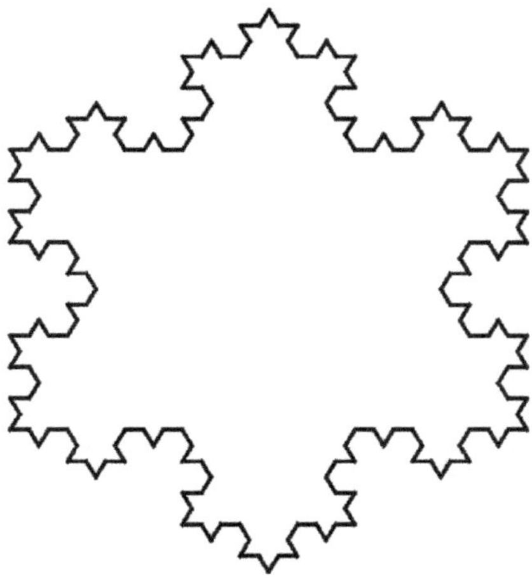

Et encore[67] :

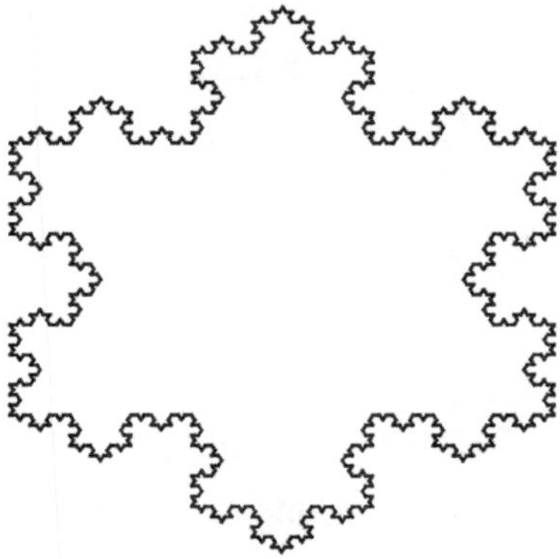

En continuant « à l'infini », on obtient une courbe fractale, qui ressemble à un flocon et qui modélise parfaitement le découpage des côtes.

LE TRIANGLE DE SIERPINSKI

On part d'un triangle équilatéral, pointe en haut. En reliant les milieux de chaque côté, on dessine à l'intérieur un triangle équilatéral, pointe en bas.

Apparaissent alors trois triangles équilatéraux plus petits, « pointe en haut ».

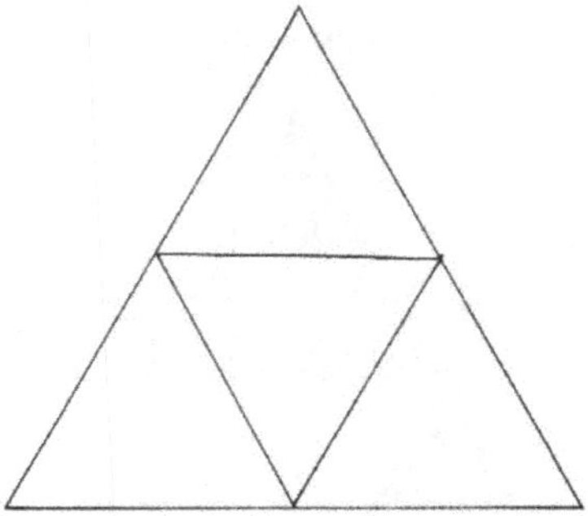

Dans chacun des trois triangles « pointe en haut », on recommence.

67. Les dessins ont été réalisés sur ordinateur par Emmanuel Amiot.

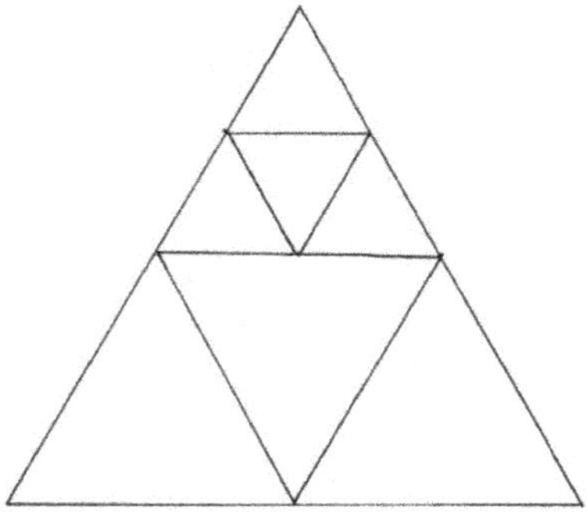

Et ainsi de suite, jusqu'à ce que ce soit trop petit, ou qu'on ait envie de s'arrêter.

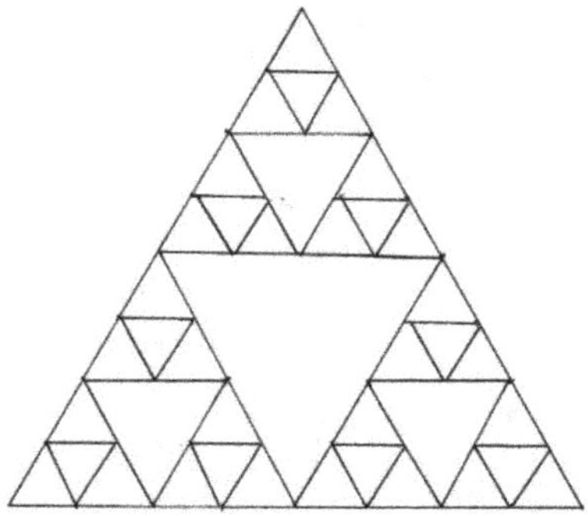

Ensuite, on colorie les triangles « pointe en haut ».

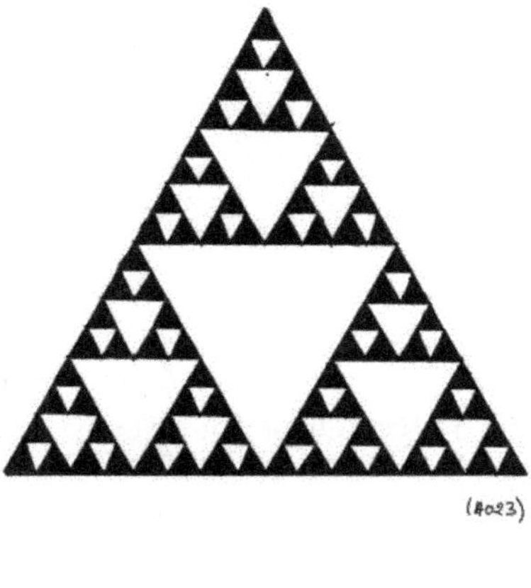

LE TAPIS DE SIERPINSKI

C'est la même idée, on part d'un carré, on le coupe en 9 carrés égaux, et on marque celui du milieu.

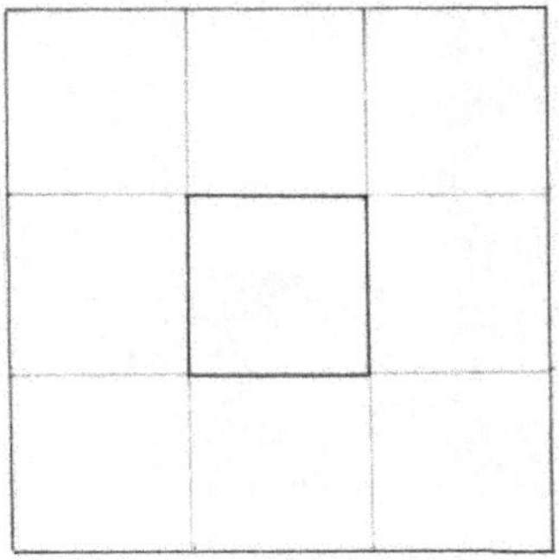

Sur chacun des 8 carrés autour, on recommence. On peut d'abord quadriller le dessin (sauf le carré du milieu), puis marquer les 8 carrés du milieu.

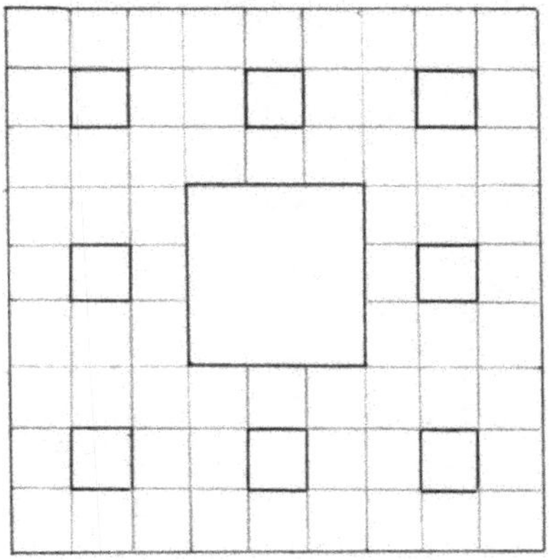

Il apparaît donc 81 – 8 = 72 petits carrés, sur lesquels on recommence.

On peut ensuite colorier, en laissant vide les carrés entourés, ou en utilisant deux couleurs, ou plus.

On peut aussi partir d'une feuille déjà quadrillée, en réfléchissant à la taille du carré initial pour que ça marche.

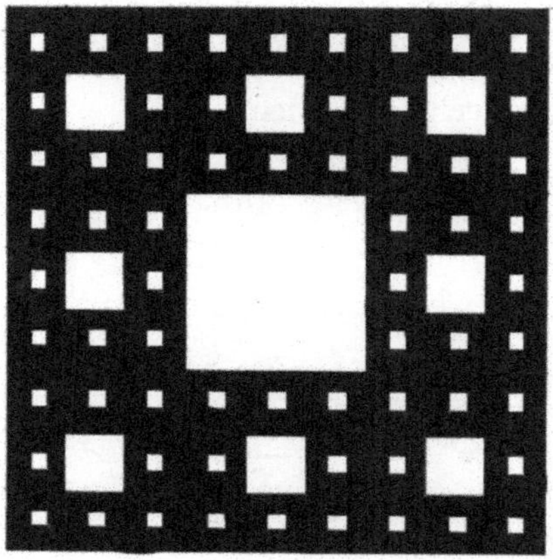

(A023)

L'ARBRE DE PYTHAGORE

Le principe de ce fractal est d'utiliser le motif illustrant le théorème de Pythagore, à savoir un triangle rectangle et trois carrés.

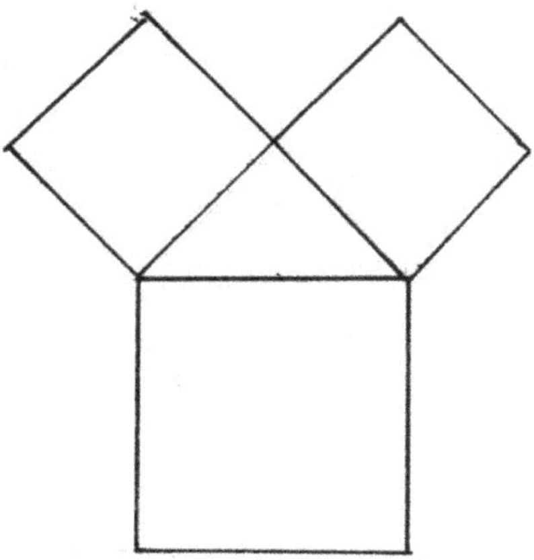

Ici, je suis partie d'un triangle rectangle isocèle construit sur le premier carré. (On peut utiliser le fait que les diagonales d'un carré sont de même longueur, perpendiculaires et se coupent en leur milieu.)

Ensuite, on construit sur chacun des carrés du haut un triangle rectangle isocèle, puis les deux carrés associés.

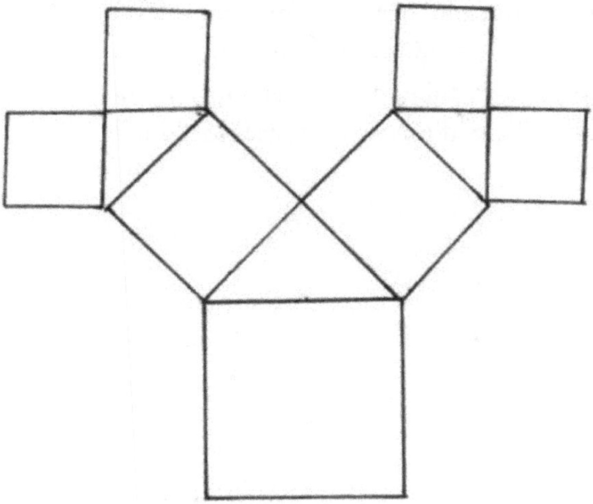

Et ainsi de suite. Il y a des branches qu'on ne pourra pas exploiter, qui vont entrer en collision. On peut également utiliser des triangles rectangles non isocèles. Une fois la forme de l'arbre mise en place, on peut colorier les carrés.

On trouve pas mal de réalisations sur Internet en effectuant une recherche sur « arbre de Pythagore[68] ».

Il existe des fractales beaucoup plus complexes, qu'il n'est possible de visualiser qu'à l'aide de l'ordinateur. On trouvera des images magnifiques sur la toile, il suffit de taper le mot « fractale » et un monde merveilleux d'images et de vidéos s'offrira à vous.

68. Par exemple : https://ensip.gitlab.io/pagesinfo/ressources/exercices/arbre_pythagore.html

ROMUALD ET LA PÉDAGOGIE INSTITUTIONNELLE

Loin des idées reçues sur les classes préparatoires aux grandes écoles, Romuald mène une expérience originale à Tours. Cet enseignant de mathématiques en deuxième année de CPGE scientifique au lycée Descartes à Tours prépare ses élèves aux concours d'entrée des écoles d'ingénieurs et des Écoles Normales Supérieures (ENS), mais bien au-delà, il les prépare à la vie, et tente de leur transmettre de belles valeurs. À ma connaissance, son expérience est unique en CPGE.

J'ai rencontré Romuald au jury de l'agrégation de mathématiques. En parallèle de son enseignement des mathématiques, il suivait un master de psychologie clinique, d'inspiration psychanalytique. Je m'intéressais déjà davantage à la psychologie qu'aux mathématiques, et nous avons très vite trouvé beaucoup de sujets de conversation.

Après un baccalauréat scientifique passé à la fin des années quatre-vingt, même s'il aimait vraiment les lettres, Romuald a choisi de suivre une classe préparatoire scientifique. En terminale, il hésitait entre des études pour devenir ingénieur ou médecin psychiatre. (On peut remarquer qu'il n'est ni l'un, ni l'autre. Si c'était à refaire, il dit qu'il ferait peut-être des études de droit, « par goût de l'argumentation ».)

Même si sa scolarité a été réussie d'un point de vue académique, l'école (qu'il qualifie de « jungle »), l'enseignement et le rapport entre les élèves lui ont laissé peu de bons souvenirs : « Dans notre pays, on prend trop peu de soin des liens humains entre et avec les élèves. »

Ses classes préparatoires se sont déroulées au Prytanée national militaire de la Flèche (72). Il y était nourri, logé, blanchi et recevait même de l'argent de poche, c'était là un moyen d'émancipation. Au cours de ces deux années, il a compris qu'il ne voulait pas être ingénieur, ni travailler pour une entreprise. Il a compris qu'il voulait être professeur. Il a donc intégré l'ENS de Cachan. Il ne regrette pas ce choix, car ce qu'il aime par-dessus tout, c'est « transmettre ». Il s'est fait une idée du métier de professeur en observant ses enseignants de CPGE dont les étudiants étaient si motivés. Il s'est dit que « travailler dans ces conditions devait être bien ».

Il est alors devenu enseignant en CPGE scientifique. Il se sent à sa place en tant que « transmetteur », et les mathématiques lui conviennent. Ce qu'il aime dans les mathématiques, c'est l'argumentation. Et comme je l'ai dit dans l'introduction, Romuald est également psychologue clinicien et exerce comme tel.

Un souvenir mathématique pendant sa scolarité : il se rappelle un conte, tiré des *Contes du chat perché* de Marcel Aymé. Le conte s'appelle justement « Le problème ».

Delphine et Marinette ont un devoir d'arithmétique à faire :

> *« Les bois de la commune ont une étendue de seize hectares. Sachant qu'un are est planté de trois chênes, de deux hêtres et d'un bouleau, combien les bois de la commune contiennent-ils d'arbres de chaque espèce ? »*

Elles sèchent lamentablement dessus, leurs parents sont très en colère, et les animaux vont les aider, en comptant effectivement le nombre d'arbres du bois de la commune (en vrai). Le lendemain la maîtresse dit aux petites filles qu'elles se sont trompées. Mais de quel bois parle-t-on ?

Dans ce conte se pose toute la problématique du sens. Car le bois dont il s'agit dans l'exercice n'est bien sûr pas le bois qu'il y a dans la commune. C'est un problème pédagogique qu'on retrouve souvent. Peut-être que proposer aux élèves des exercices « apparemment » tirés de la vie concrète est plus perturbant qu'aidant.

Il a de très bons souvenirs des mathématiques dites « modernes » enseignées dans ces années-là à l'école primaire, en particulier faire des calculs en base 3, 4, etc. avec de petits élastiques et des paquets de petits morceaux de bois, puis des paquets de paquets, etc. « On faisait ça avec les mains. » On se rend compte que compter en base 10, c'est arbitraire, c'est probablement parce qu'on a 10 doigts.

Romuald, depuis plusieurs années déjà, a mis en place avec ses élèves la « classe coopérative », selon les principes de la pédagogie institutionnelle de Fernand Oury.

De quoi s'agit-il ? Il essaye de promouvoir l'entraide parmi les élèves, à l'aide de ce que Fernand Oury nommait des *Institutions.*

Cette organisation est beaucoup plus efficace pour chacun, tout le monde s'y retrouve. Par exemple, ceux qui prennent le temps d'expliquer une notion rencontrée en classe s'entraînent aux concours (car c'est en expliquant que l'on comprend finement) et ceux qui écoutent progressent. Au passage, les étudiants apprennent aussi le management coopératif. Les Institutions sont là pour organiser la coopération entre les étudiants.

Il ne met pas de notes aux devoirs en classe ! Alors ça, c'est ultra-révolutionnaire en France. Il argumente en disant que quand on met une note, l'étudiant se focalise sur sa note et pas sur le contenu. (C'est tellement vrai !) S'il notait comme aux concours (car son objectif et celui de ses élèves, c'est la réussite aux concours d'écoles d'ingénieurs), les élèves auraient de mauvaises notes, puisque par définition, ils ne sont pas prêts en cours d'année. Or une mauvaise note, en pratique, c'est une copie qui n'est pas retravaillée (et donc ne sert à rien). Il veut éviter « le traumatisme de la mauvaise note », car il croit à la vertu des encouragements positifs.

Comment ça se passe concrètement : il organise ses devoirs surveillés le samedi matin, pendant quatre heures. Les élèves gardent leur copie à la fin de ce temps et repartent également avec le corrigé. Le samedi après-midi ou le dimanche, ils retravaillent leur copie pendant deux heures, en y ajoutant une pensée réflexive : Comment avez-vous abordé la question ? Auriez-vous pu faire mieux ? Qu'est-ce qui vous a manqué ? etc. Ils doivent de plus rédiger quelques lignes sur leur stratégie globale sur le devoir, et dire par rapport au devoir d'avant s'ils se sont améliorés, et en quoi. L'objectif c'est aussi de progresser sur la rigueur, sur l'argumentation. Lors de la correction qui suit lorsque les copies sont rendues le lundi, ce qui intéresse Romuald, au-delà du contenu mathématique produit, c'est la manière dont les étudiants analysent leur travail.

L'effet principal, c'est la libération ! Ils ne sont plus collés à la note et à l'erreur. Le moment des devoirs sert à quelque chose, ils prennent conscience qu'ils ont un rôle à jouer dans leur réussite, ils se prennent en main, prennent leurs études en charge. Un autre effet est la confiance en soi. Les étudiants retrouvent vraiment confiance en eux.

Et en même temps, Romuald les accompagne beaucoup, de l'été qui précède leur entrée en deuxième année, à l'été suivant, quand ils passent les oraux. Mais son objectif n'est pas simplement de leur apprendre à faire des mathématiques, mais aussi de leur apprendre à travailler et à devenir autonomes. Il met l'accent sur le processus, largement autant que sur le contenu.

Romuald est également membre fondateur de l'association Coopérer pour l'Autre.Lycée. Cette association propose de très nombreuses occasions de réfléchir et de se former aux pédagogies coopératives. Le pôle ressource de cette association, unique en France, est même hébergé par le lycée Descartes. Ces pratiques alternatives, bien accueillies dans l'enseignement secondaire, peinent un peu à se diffuser en CPGE, mais Romuald ne désespère pas que ses collègues finissent par en voir les bénéfices.

Romuald aime transmettre. Le message qu'il aimerait que ses étudiants retiennent, c'est que pour apprendre, il faut accepter de ne pas savoir et avoir une certaine humilité. Or, le message véhiculé dans l'enseignement français est parfois un peu opposé : on devrait déjà savoir avant d'avoir appris. Il apprend à ses étudiants à progresser les uns avec les autres, et cela donne tout son sens à son travail.

Pour en savoir plus :

- Sur la pédagogie institutionnelle :
https://fr.wikipedia.org/wiki/P%C3%A9dagogie_institutionnelle
https://www.meirieu.com/PATRIMOINE/fernandoury_institutions.pdf).
- Sur l'association Coopérer pour l'Autre.Lycée :
http://www.lautrelycee.fr/

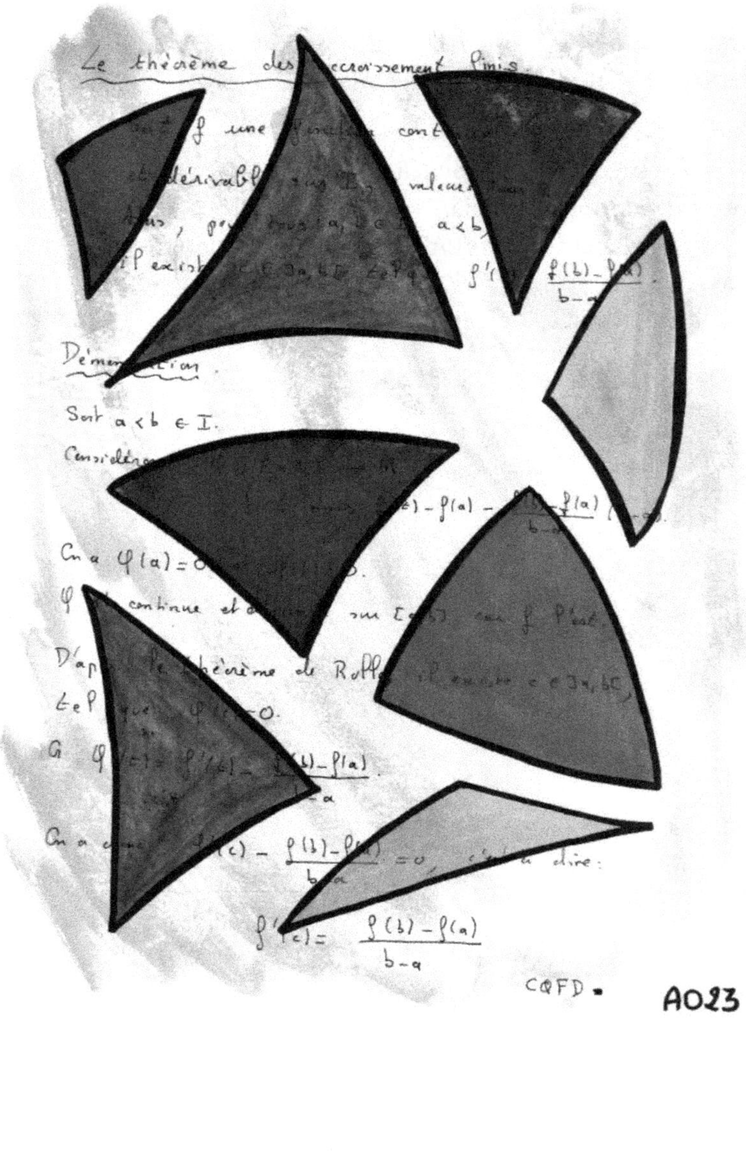
Soit a < b ∈ I.
CQFD.
A023

L'INFINI ET AU-DELÀ !

Quand on apprend à compter à l'école (au sens d'énumérer les nombres entiers les uns à la suite des autres), on est d'abord tout fier de compter jusqu'à 10, puis jusqu'à 30, 50. Puis, on apprend à énumérer les nombres de trois chiffres, et si on est courageux, on compte jusqu'à 1 000, mais c'est un peu long quand même. On caresse néanmoins l'idée, qu'un jour, on arrivera au bout…, au bout de la « comptine des nombres ».

Puis, un jour, un grand (le même qui nous a appris que le père Noël n'existait pas) nous lance, d'un air narquois : « D'abord, ça ne s'arrête pas les nombres. »

Ça alors ! Un sentiment de doute nous assaille… « Non, ce n'est pas possible, il doit bien y avoir un bout… ». Puis après enquête auprès de diverses personnes compétentes (les parents, le maître ou la maîtresse, les grands frères et sœurs ou les cousins-cousines), il faut bien se rendre à l'évidence : ça ne s'arrête pas !

Eh oui, il y a une infinité de nombres. Suivant les cas, un sentiment de vertige nous envahit, ou bien un sentiment de liberté, ou les deux. (Parfois un sentiment de désespoir ?)

Voilà c'est fait, le premier contact avec l'infini.

Pour certains, ça n'ira pas plus loin. Mais pour d'autres, ce n'est que le début d'une grande aventure.

J'aimerais partager avec vous quelques faits amusants sur l'infini.

Tout d'abord, le paradoxe des nombres pairs.

Si j'écris tous les nombres entiers à la file (bien sûr, il faut imaginer que l'on a une file « infinie ») :

1	**2**	3	**4**	5	**6**	7	**8**	9	**10**	11	**12**	...

On remarque qu'un sur deux est pair. On peut donc dire qu'il y a deux fois plus de nombres que de nombres pairs.

Logique...

Mais si j'écris tous les nombres, et en dessous de chacun son double :

1	2	3	4	5	6	7	8	9	10	11	12	...
2	**4**	**6**	**8**	**10**	**12**	**14**	**16**	**18**	**20**	**22**	**24**	...

On se rend compte qu'il y en a autant, puisqu'il est possible de les associer deux par deux.

Alors deux fois plus ou la même quantité ?

« Les deux mon général ! », et c'est d'ailleurs exactement la définition de l'infini donnée par Georg Cantor, un des premiers mathématiciens à s'être sérieusement intéressé à l'infini, au début du XXe siècle. (*La définition est : un ensemble X est infini s'il est en bijection avec un de ses sous-ensembles, autre que lui-même.*)

Il est à noter, qu'on a également autant de multiples de 3 que de nombres, autant de multiples de 4, autant de multiples de 5123476589, etc.

Qui était Georg Cantor ?

C'était un mathématicien allemand, né en 1845 et mort en 1918. Ses travaux portent sur la théorie des ensembles et la notion d'infini. Il a formalisé la notion d'infini, montré qu'il existe plusieurs « infinis », et même une infinité d'infinis. Cela n'a pas été du goût de tout le monde, en particulier d'un mathématicien en vogue à son époque,

Léopold Kronecker[69]. Toucher à l'infini c'était un sujet sensible, philosophique et religieux. Kronecker a eu cette phrase :

> « *Dieu a fait les nombres entiers, tout le reste est l'œuvre de l'Homme.* »

Est-ce que cela veut dire qu'il ne faut pas parler de l'infini ?

En fait le bond conceptuel qu'a fait Cantor, c'est de considérer l'infini comme un objet mathématique et de calculer avec, d'établir qu'il y a plusieurs infinis, etc. (Plusieurs infinis, donc plusieurs dieux ? Cantor était protestant, cela a dû être compliqué pour lui. C'est peut-être également cela qui posait un problème à Kronecker.)

Par ailleurs, Cantor souffrait de dépression, ou de troubles bipolaires. J'ai longtemps cru que c'était à cause de son conflit intérieur, entre ses découvertes mathématiques et sa foi religieuse, et également à cause de l'incompréhension et de l'hostilité de certains collègues, dont le fameux Kronecker. Mais ce n'est qu'une hypothèse.

On lui attribue cette citation, que je trouve intéressante :

> « *En mathématiques, l'art de formuler les questions doit être tenu en plus haute valeur que l'art de les résoudre.* »

Cantor a établi qu'il y avait « beaucoup plus » de nombres réels que de nombres entiers, bien que ces deux ensembles soient infinis. S'il y en avait autant, on pourrait trouver une correspondance un pour un (une bijection en mathématiques). On peut établir par exemple qu'il y a « autant » de nombres entiers que de nombres rationnels. Mais pas pour les réels. Il y a « plus » de nombres réels que de nombres entiers.

Cantor a utilisé l'argument suivant, qu'on nomme la diagonale de Cantor. C'est une démonstration par l'absurde.

Imaginons que l'on puisse numéroter tous les nombres compris entre 0 et 1 (1 exclu). Un nombre compris entre 0 et 1 s'écrit 0 virgule la suite de ses décimales. On peut toujours considérer que cette suite

69. Mathématicien et logicien allemand, 1823-1891.

est infinie, quitte à mettre des zéros. On va écrire ces nombres dans un tableau (infini) :

décimales / nombres	1	2	3	4	5	6	7	...	n	....
1	a_{11}	a_{12}	a_{13}	a_{14}	a_{15}	a_{16}	a_{17}	...	a_{1n}	....
2	a_{21}	a_{22}	a_{23}	a_{24}	a_{25}	a_{26}	a_{27}	...	a_{2n}	...
3	a_{31}	a_{32}	a_{33}	a_{34}	a_{35}	a_{36}	a_{37}	...	a_{3n}	....
4	a_{41}	a_{42}	a_{43}	a_{44}	a_{45}	a_{46}	a_{47}	...	a_{4n}	....
⋮										
⋮										
n	a_{n1}	a_{n2}	a_{n3}	a_{n4}	a_{n5}	a_{n6}	a_{n7}	...	a_{nn}	....
⋮										

La première ligne représente les décimales du premier nombre (pas forcément le plus petit, ça n'a rien à voir), la deuxième celle du nombre portant le numéro 2, etc.

Au croisement de la ligne n et de la colonne k, on trouve a_{nk} qui est la k-ième décimale du nombre numéro n.

Considérons maintenant le nombre suivant :

On prend les décimales de la diagonale et on ajoute 1 si c'est un nombre inférieur à 8, on retranche 1 sinon. On obtient une suite de décimales que je note $c_1, c_2,\ldots, c_n$, etc.

Le nombre 0, $c_1\ c_2\ c_3\ldots\ c_n$ doit se trouver quelque part dans le tableau, puisque c'est un nombre compris entre 0 et 1.

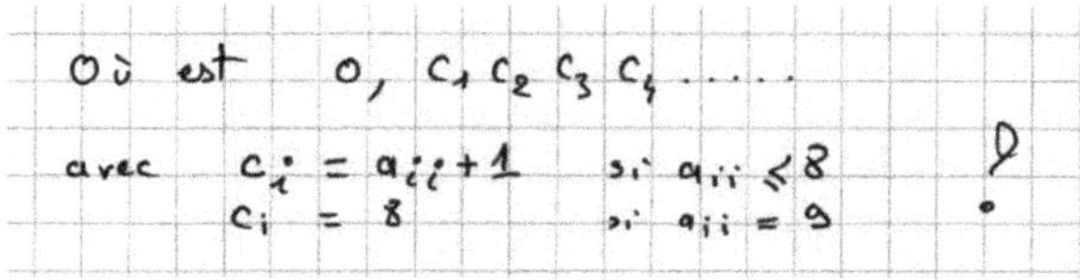

Supposons qu'il se trouve à la ligne numéro n.

Alors sa décimale numéro n doit être a_{nn} (celle de la diagonale). Or par construction, sa décimale numéro n est $a_{nn} + 1$ ou $a_{nn} - 1$. **On a donc une contradiction.**

Conclusion, il n'y a pas « autant » de réels compris entre 0 et 1 que d'entiers donc *a fortiori* pas « autant » de réels que d'entiers. (On dit que l'ensemble des réels n'est pas dénombrable.) Il y en a forcément plus, puisque les réels contiennent tous les entiers, mais dans un sens plus fort que le sens intuitif.

La question que se posait Cantor (qui, comme on l'a vu, accordait beaucoup de prix aux questions), c'est : est-ce qu'il y a un infini « entre » celui des nombres entiers et celui des nombres réels ? Cette question est connue sous le nom de « l'hypothèse du continu ».

La réponse à cette question est : indécidable. C'est quoi ça ? Eh bien, cela veut dire, qu'avec les axiomes de la théorie des ensembles nécessaires pour faire de l'arithmétique (c'est-à-dire ce que fait Cantor), on ne peut ni démontrer que c'est vrai, ni démontrer que c'est faux. Ce résultat surprenant et le fait que, dans toute théorie mathématique contenant les axiomes permettant de faire de l'arithmétique, il y aura toujours des propositions indécidables, ont été établis par Kurt Gödel[70], dans les années 1930.

Gödel a mal fini, il était atteint de troubles mentaux graves (délire de persécution) et a refusé de s'alimenter, pensant qu'on voulait l'empoisonner. Il en est mort.

Je me demande s'il y a un lien avec ses découvertes mathématiques qui sont pour le coup très « perchées ». Est-ce que les mathématiques l'ont protégé malgré tout de la folie, ou ont-elles aggravé son cas ?

70. Logicien et mathématicien autrichien, naturalisé américain (1906-1978).

Je vais maintenant vous raconter une autre histoire d'infini, celle de l'hôtel de Hilbert.

David Hilbert[71] était un des meilleurs mathématiciens du début du XXe siècle, à peu près à la même époque que Cantor. Il a d'ailleurs soutenu Cantor.

Il a également beaucoup réfléchi sur l'infini.

Voilà l'histoire, sous forme d'énigme.

Imaginons que vous êtes gérant d'un bel hôtel, dans une montagne magnifique, avec une belle vue dégagée, sans limite. Votre hôtel a la particularité d'avoir un nombre infini de chambres. Elles sont numérotées dans l'ordre 1, 2, 3, 4…

La saison commence bien et l'hôtel est complet. Super.

Seulement, l'hôtel est un peu isolé, et c'est le seul en haut de la montagne. Il n'y a pas d'autre endroit pour dormir et la route est assez longue pour y arriver.

La nuit est tombée et un voyageur arrive, exténué (il est venu à pied).

« Une chambre par pitié… »

Comment allez-vous faire pour loger notre ami le voyageur, puisque l'hôtel est complet ?

Voilà :

Vous allez mettre les clients à contribution : vous allez demander à chaque client de changer de chambre : celui qui est dans la chambre numéro 1 ira dans la chambre numéro 2, celui qui est dans la chambre numéro 2 ira dans la chambre numéro 3, celui qui est dans la chambre numéro 3 ira dans la chambre numéro 4, et ainsi de suite. Pas trop compliqué de changer de chambre. Du coup, la chambre numéro 1 est libre, et vous pouvez y faire dormir le randonneur fatigué, et reconnaissant (c'est beau les mathématiques quand même…).

Mais vous n'êtes pas au bout de vos peines !

Le lendemain, un car infini, transportant une infinité de voyageurs (pour les reconnaître facilement, ils ont chacun un numéro, 1, 2, 3,

71. Mathématicien allemand, 1862-1943.

etc.) arrive. Tous ces clients s'extasient devant un si bel hôtel, un si bel endroit et veulent chacun une chambre.

Comment faire ?

Rien de plus simple...

Les clients installés vont à nouveau déménager : celui qui est dans la chambre numéro 1 va aller dans la chambre numéro 2, celui qui est dans la chambre numéro 2 va aller dans la chambre numéro 4, celui qui est dans la chambre numéro 3 va aller dans la chambre numéro 6, celui qui est dans la chambre numéro 4 va aller dans la chambre numéro 8, etc. Chacun va aller dans la chambre portant un numéro double de celle qu'il occupait. Un peu moins facile comme déménagement, mais ça se fait.

Du coup, toutes les chambres portant un numéro impair sont libres, et vous pouvez y caser tous vos nouveaux clients.

L'histoire ne s'arrête pas là ! Pour les curieux, je vous conseille *Le livre des paradoxes* de Nicholas Falletta (éditions Belfond).

La découverte de l'infini pendant mes cours de mathématiques m'a procuré une grande joie, comme celle ressentie les soirs d'été en contemplant un beau ciel étoilé : un immense sentiment de liberté, une fascination pour tous ces mondes inconnus !

Je fais l'hypothèse
Qu'un anneau magique
Et un croissant de lune
Me permettront
D'atteindre un espace ouvert

QUELQUES LIVRES ET SITES QUI M'ONT INSPIRÉE

Alex au pays des chiffres, Alex Bellos, Champs sciences.
Le cercle des problèmes incongrus, Alex Bellos, Flammarion.
Des mathématiciens de A à Z, B. Hauchecorne, D. Suratteau, Ellipses.
Le beau livre des maths, Clifford A. Pickover, Dunod.
Mathematica, David Bessis, Seuil.
Dingues de maths, Avner Bar-Hen, Quentin Lazzarotto, Epa.
Amour et maths, Edward Frenkel, Flammarion.
Mathématiques et mathématiciens, Pierre Dedron, Jean Itard, Magnard.
Les mathématiciens, collectif, Belin : Pour la science.
Les nombres, collectif, Vuibert.
Arpenter l'infini, Ian Stewart, Dunod.
Souvenirs sur Sofia Kovaleskaya, Michèle Audin, Calvage & Mounet.
Le fascinant nombre π, Jean-Paul Delahaye, Belin : Pour la science.
L'échelle de l'esprit, Bunpei Yorifuji, Éditions B42.
L'éternité dans une heure, Daniel Tammet, J'ai Lu.
Statistiques, méfiez-vous ! Nicolas Gauvrit, Ellipses.
Théorème vivant, Cédric Villani, Grasset.
Ada ou la beauté des nombres, Catherine Dufour, Fayard.
Faites-les réussir en maths. Armelle Géninet, Chronique Sociale.
Qui a peur des mathématiques, Anne Siety, Denoël.

https://www.youtube.com/channel/UC4PasDd25MXqlXBogBw9CAg (Chaîne de Mickaël Launay)
https://www.lumni.fr/programme/petits-contes-mathematiques
https://images.math.cnrs.fr/
http://www.mathouriste.eu/
http://villemin.gerard.free.fr/
https://femmes-et-maths.fr/
https://www.animath.fr/
https://www.femmesetsciences.fr/
https://www.math93.com
https://www.maths-et-tiques.fr
https://fr.wikipedia.org/
https://www.college-de-france.fr
https://lesmathsenscene.fr/
http://www.π314.net/

La liste est loin d'être exhaustive !

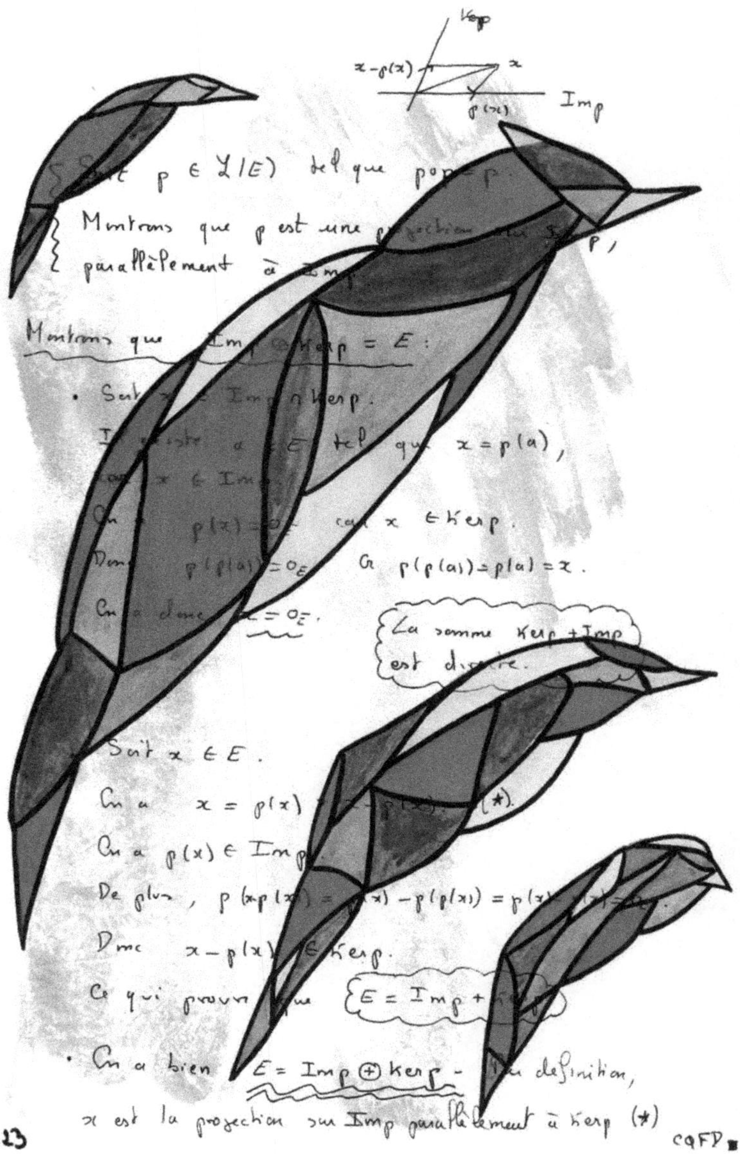
Kerp
x
Imp
p(x)
Soit x ∈ E.
x est la projection sur Imp parallèlement à Kerp (*)
CQFD

A023

Achevé d'imprimer en septembre 2023 par Sepec Numérique – 01960 Péronnas
N° d'imprimeur : NN04545230801 – Dépôt légal : septembre 2023
Imprimé en France

IMPRIM'VERT®

PEFC 10-31-3532